畜禽生产常用兽药安全使用指导

吕　涛　刘　钧　邓程君　主编

U0194336

中国农业大学出版社

·北京·

内 容 简 介

本书以农村养殖户、基层兽医及相关管理人员为读者对象,本着普及、提高与实用相结合的原则,针对兽药使用专业性强、基层人员知识面窄而不全的特点,着重就兽药安全使用的常识、规范、科学用药等问题进行了比较系统的介绍。

图书在版编目(CIP)数据

畜禽生产常用兽药安全使用指导 / 吕涛,刘钧,邓程君主编. —北京:中国农业大学出版社,2016.6

ISBN 978-7-5655-1598-9

Ⅰ.①畜… Ⅱ.①吕…②刘…③邓… Ⅲ.①兽用药-基本知识 Ⅳ.①S859.79

中国版本图书馆 CIP 数据核字(2016)第 118073 号

书　　名	畜禽生产常用兽药安全使用指导			
作　　者	吕　涛　刘　钧　邓程君　主编			
策划编辑	孙　勇		责任编辑	孙　勇
封面设计	郑　川		责任校对	王晓凤
出版发行	中国农业大学出版社			
社　　址	北京市海淀区圆明园西路 2 号		邮政编码	100193
电　　话	发行部 010-62818525,8625		读者服务部 010-62732336	
	编辑部 010-62732617,2618		出 版 部 010-62733440	
网　　址	http://www.cau.edu.cn/caup			
经　　销	新华书店		E-mail cbsszs@cau.edu.cn	
印　　刷	涿州市星河印刷有限公司			
版　　次	2016 年 6 月第 1 版　　2016 年 6 月第 1 次印刷			
规　　格	787×1 092　　16 开本　　10.5 印张　　140 千字			
定　　价	38.00 元			

图书如有质量问题本社发行部负责调换

前　言

随着畜禽养殖业的快速发展,兽药的应用越来越多。如何挑选合适的兽药品种,如何规范且高效地使用兽药,既有效地发挥药物作用,又减少或避免药物不良反应,保障人民食品安全,一直是困扰从业者的难题。

近年来,兽药安全使用不仅直接关系到畜牧水产品生产的安全及其经济效益的好坏,更与人们的食品安全息息相关。随着畜牧水产养殖数量与规模的不断增加,三聚氰胺、苏丹红、瘦肉精、孔雀石绿等兽药食品安全事件接二连三地发生,不仅引起了人们的广泛震惊与社会的巨大震动,而且也使兽药安全使用越来越引起人们的关注与重视。

为了普及兽药安全使用知识,规范兽药安全使用行为,本书以农村养殖户、基层兽医及相关管理人员为读者对象,本着普及、提高与实用相结合的原则,针对兽药使用专业性强、基层人员知识面窄而不全的特点,着重就兽药安全使用的常识、规范、科学用药等问题进行了比较系统的介绍。

本书编写人员虽参阅大量参考文献,但限于学识水平和经验,编写中的疏漏之处实属难免。在此,恳请各位同仁、广大读者对不妥之处给予指正,以便下次修订完善。

编者

2015 年 12 月

目　　录

第一章 概 论

一、兽药

(一)兽药的概念

(1)按照最新颁布的《兽药管理条例》,兽药是指用于预防、治疗、诊断动物疾病或者有目的地调节动物生理机能的物质(含药物饲料添加剂),主要包括血清制品、疫苗、诊断制品、微生态制品、中药材、中成药、化学药品、抗生素、生化药品、放射性药品及外用杀虫剂、消毒剂等。

(2)饲料添加剂是指为满足特殊需要而加入动物饲料中的微量营养性或非营养性物质,饲料药物添加剂则指饲料添加剂中的药物成分,亦属于兽药的范畴。

(3)我们一般将兽药分成兽用生物制品和兽用化学药品两大类,也就是将疫苗、诊断液和血清等作为兽用生物制品,其他的兽药都归类为兽用化学药品。

(4)兽药在正确使用时,可达到防病治病、促进生长、提高饲料报酬等目的,但用法不当或用量过大却会损害动物机体的健康而成为毒物。

(二)兽药的来源

兽药的来源很广泛,可分为天然药物、人工合成药物和生物技术药物。天然药物是指未经加工或经过简单加工的药物,包括动物性药物、植物药和矿物药。动物性药物是来源于动物的药用物质,如鸡内金、蜈蚣等;植物性药物又称中草药,如穿心莲、大黄、板蓝根等。中草药的成分复杂,除含有水、无机盐、糖类、脂类和维生素外,通常含有一定生物活性成分,如生物碱、苷、酮、挥发油等;矿物药包括天然的矿物质和经提纯或简单化学合成得到的无机物,如芒硝、石膏、碳酸氢钠(小苏打)、硫酸钠等。人工合成药物是指用化学合成方法制得的药物,如恩诺沙星、地克珠利等。生物技术药物是指采用微生物发酵,生物化学或生物工程方法生产的药物,包括抗生素、激素、酶制剂、生化药品、生物药品等。

(三)兽药的分类

1. 给药途径

主要有口服给药、注射给药和局部给药方式。

(1)口服给药　如片、胶囊、粉散、丸、糖浆、合剂等。

(2)注射给药　皮下注射、肌肉注射、静脉注射(静脉滴注)、腹腔注射、气管内注射等。

(3)局部给药　黏膜给药(眼药水、滴鼻剂、喷雾剂),皮肤给药(消毒液、软膏、乳剂、贴剂),阴道肛门给药(溶液、栓剂),乳房子宫给药(注入剂)。

2. 药物分类

主要有天然药物、化学药物、抗生素、生化药物、生物制品、生物技术药物。

(1)天然药物　直接取自自然界的植物、动物、矿物和它们的简单加工品。如中草药。

(2)化学药物　指采用化学合成方法制成的药物。如乙酰水杨酸、安乃近。

(3)抗生素　系由真菌、放线菌及细菌等微生物培养液中提取的代谢产物,具有抗微生物、抗寄生虫或抗癌作用的药物。如青霉素、四环素、红霉素、庆大霉素、氟苯尼考。

(4)生化药物 指用生物化学方法从生物材料中分离、精制得到的药物。如酶、激素、维生素、蛋白质、多肽、氨基酸等。

(5)生物制品 指根据免疫学原理,用微生物或其毒素以及人和动物的血液、组织制成的药物。如疫苗、类毒素、抗血清、诊断用抗原、诊断血清。

(6)生物技术药物 指通过基因工程、细胞工程、酶工程等高新技术生产的药物。

3.药物形态

主要分为固体、半固体、液体几大类。

4.药物剂型

主要有粉剂、散剂、可溶性粉剂、预混剂、丸剂(锭剂)、片剂、颗粒剂(冲剂)、胶囊剂、软膏剂、溶液剂、混悬剂、酊剂、流浸膏剂、浸膏剂、注射剂(溶液、混悬液、乳剂、油剂与粉针)、合剂(口服液)、灌注剂、滴眼剂、擦剂、气雾剂、消毒剂、兽用生物制品。

(四)兽药制剂与市场应用剂型

1.兽药制剂

用适宜方法制成可直接用于动物的药物制品。包括兽、禽、鱼、蜂、蚕药。

2.市场应用剂型

包括上述剂型,市场应用剂型还有栓剂、海绵剂、含药颈圈、消毒剂(固体、液体)、乳膏剂、眼膏剂、舔剂、硬膏剂、糊剂、浇泼剂(喷滴剂)、煎剂(浸剂)、醋剂。

(五)兽药的治疗作用与不良反应

1.治疗作用

符合用药目的,达到防治效果的作用。

(1)对因治疗 能消除发病原因的叫对因治疗。治本。

(2)对症治疗 仅能改善疾病症状的称对症治疗。治标。

2.不良反应

(1)不良反应的定义 不符合用药目的,对动物机体产生有害的作用。

(2)不良反应的种类

①副作用:指药物在治疗剂量时所产生的与治疗无关的作用,给机体带来的不良影响。

②毒性反应:药物用量过大或应用时间过长,使机体发生严重功能紊乱或病理变化。

③变态反应:是指某些个体对某种药物的敏感比一般个体高,表现有质的差别。也称过敏反应。

④继发反应:是指由治疗作用引起的,继发于治疗作用所出现的不良反应。

⑤后遗效应:指停药后血药浓度已降至最低有效浓度时残存药理效应。

⑥耐受性和耐药性:多次连续用药后,动物机体对药物反应性降低的状态。

二、残留限量

所谓最高残留限量(maximum residue limit,MRL)是指对食品动物用药后产生的允许存在于食品表面或内部的该兽药残留的最高量。

检查分析发现样品中药物残留高于最高残留限量,即为不合格产品,禁止生产出售和贸易。中国作为畜禽产品生产绝对量最大的国家,食品的进出口标准必须国际化,相关法律必须与国际法接轨。由于没有做好兽药残留分析与最高残留限量标准等工作,动物源食品的出口势必受到国际上对其药物残留检验的巨大压力。无论是哪一个国家,如果不执行相关药物的残留标准,就不可避免地在食品贸易中发生拒收、扣留、退货、索赔和终止合同等事件。

我国农业部在 1999 年发布了《动物性食品中兽药最高残留限量》标准,其中对常用兽药及其标志残留物在不同动物品种的组织中的最高残留限量(MRL)确定了具体的标准,并且对相关的名词术语进行了解释。

三、休药期

(一)概念

(1)休药期也叫消除期,是指动物从停止给药到许可屠宰或它们的乳、蛋等产品许可上市的间隔时间。休药期是依据药物在动物体内的消除规律确定的,就是按最大剂量、最长用药周期给药,停药后在不同的时间点屠宰,采集各个组织进行残留量的检测,直至在最后那个时间点采集的所有组织中均检测不出药物为止。

(2)休药期随动物种属、药物种类、制剂形式、用药剂量、给药途径及组织中的分布情况等不同而有差异。经过休药期,暂时残留在动物体内的药物被分解至完全消失或对人体无害的浓度。

(3)不遵守休药期规定,造成药物在动物体内大量蓄积,产品中的残留药物超标,或出现不应有的残留药物,会对人体造成伤害。

(二)条例

由于休药期在保障食品安全中的重要作用,国家历来十分重视休药期的管理。

到目前为止,只有一部分兽药规定了休药期。由于确定一个药品的休药期的工作很复杂,还有一些药品没有规定休药期,也有一些兽药不需要规定休药期(表1-1)。

表1-1　不同药物休药期与使用方法

药物类别	药物名称	休药期	使用指南
抗微生物	青霉素钾	0	肌内注射,2万~3万单位/kg体重,一日2~3次,连用2~3日。1 mg＝1 598单位
抗微生物	青霉素钠	0	肌内注射,2万~3万单位/kg体重,一日2~3次,连用2~3日。1 mg＝1 670单位
抗微生物	普鲁卡因青霉素	7	肌内注射,2万~3万单位/kg体重,一日1次,连用2~3日。1 mg＝1 011单位
抗微生物	注射用苄星青霉素	10	肌内注射,3万~4万单位/kg体重,必要时3~4日重复一次
抗微生物	苯唑西林钠	3	肌内注射,10~15 mg/kg体重,一日2~3次,连用2~3日
抗微生物	氨苄西林钠	15	肌内、静脉注射,10~20 mg/kg体重,一日2~3次,连用2~3日
抗微生物	头孢噻呋	0	肌内注射,3~5 mg/kg体重,一日1次,连用3日
抗微生物	硫酸链霉素	0	内服,仔猪0.25~0.5 g,一日2次。肌内注射,10~15 mg/kg体重,一日2~3次,连用2~3日
抗微生物	硫酸卡那霉素	0	肌内注射,10~15 mg,一日2次,连用2~3日
抗微生物	硫酸庆大霉素	40	肌内注射,2~4 mg/kg体重,一日2次,连用2~3日
抗微生物	硫酸新霉素	3	内服,10 mg/kg体重,一日2次,连用3~5日
抗微生物	硫酸阿米卡星	0	皮下、肌内注射,5~10 mg/kg体重,一日2~3次,连用2~3日
抗微生物	盐酸大观霉素	21	内服,仔猪10 mg/kg体重,一日2次,连用3~5日

续表1-1

药物类别	药物名称	休药期	使用指南
抗微生物	硫酸安普霉素	21	混饲,80～100 g/1 000 kg饲料,连用7日
抗微生物	土霉素	20	静脉注射,5～10 mg/kg体重,一日2次,连用2～3日
抗微生物	盐酸四环素	5	内服,10～25 mg/kg体重,一日2～3次,连用3～5日。静脉注射,5～10 mg/kg体重,一日2次,连用2～3日
抗微生物	盐酸多西环素	5	内服,3～5 mg/kg体重,一日1次,连用3～5日
抗微生物	乳糖酸红霉素	0	静脉注射,3～5 mg/kg体重,一日2次,连用2～3日
抗微生物	吉他霉素	3	内服,20～30 mg/kg体重,一日2次,连用3～5日
抗微生物	泰乐菌素	14	肌内注射,9 mg/kg体重,一日2次,连用5日
抗微生物	酒石酸泰乐菌素	0	皮下、肌内注射,5～13 mg/kg体重,一日2次,连用5日
抗微生物	磷酸泰乐菌素	0	混饲,400～800 g/1 000 kg饲料
抗微生物	磷酸替米考星	14	混饲,200～400 g/1 000 kg饲料
抗微生物	杆菌泰锌	0	混饲,4月龄以下 4～40 g/1 000 kg饲料
抗微生物	硫酸黏菌素	7	内服,仔猪 1.5～5 mg/g体重。混饲,仔猪2～20 g/1 000 kg饲料。混饮,40～100 g/L水
抗微生物	硫酸多黏菌素B	7	肌内注射,1 mg/kg体重
抗微生物	恩拉霉素	7	混饲,猪饲料中添加量为2.5～20 mg/kg
抗微生物	盐酸林可霉素	5	内服,10～15 mg/kg体重,一日1～2次,连用3～5日。混饮,40～70 mg/L水。混饲,44～77 g/1 000 kg饲料。肌内注射,10 mg/kg体重
抗微生物	延胡素酸泰妙菌素	5	混饮,45～60 mg/L水,连用3日。混饲,40～100 g/1000 kg饲料
抗微生物	黄霉素	0	混饲,育肥猪饲料中添加量为5 mg/kg,仔猪为20～25 mg/kg
抗微生物	弗吉尼亚霉素	1	NULL
抗微生物	赛地卡霉素	1	混饲,75 g/1000 kg饲料,连用15日
抗微生物	磺胺二甲嘧啶	0	内服,首次 0.14～0.2 g/kg体重,维持量0.07～0.1 g/kg体重,一日1～2次,连用3～5日。静脉、肌内注射,50～100 mg/kg体重,一日1～2次,连用2～3日

续表 1-1

药物类别	药物名称	休药期	使用指南
抗微生物	磺胺噻唑	0	内服,首次 0.14~0.2 g/kg 体重,维持量 0.07~0.1 g/kg 体重,一日 2~3 次,连用 3~5 日。静脉、肌内注射,50~100 mg/kg 体重,一日 2 次,连用 2~3 日
抗微生物	磺胺对甲氧嘧啶	0	内服,首次量 50~100 mg/kg 体重,维持量 25~50 mg/kg 体重,一日 1~2 次,连用 3~5 日
抗微生物	磺胺间甲氧嘧啶	0	内服,首次量 50~100 mg/kg 体重,维持量 25~50 mg/kg 体重,连用 3~5 日。静脉注射,50 mg/kg 体重,一日 1~2 次,连用 2~3 日
抗微生物	磺胺氯哒嗪钠	3	内服,首次量 50~100 mg/kg 体重,维持量 25~50 mg/kg 体重,一日 1~2 次,连用 3~5 日
抗微生物	磺胺多辛	0	内服,首次量 50~100 mg/kg 体重,维持量 25~50 mg/kg 体重,一日 1 次
抗微生物	磺胺脒	0	内服,0.1~0.2 g/kg 体重,一日 2 次,连用 3~5 日
抗微生物	琥磺噻唑	0	内服,0.1~0.2 g/kg 体重,一日 2 次,连用 3~5 日
抗微生物	酞磺噻唑	0	内服,0.1~0.2 g/kg 体重,一日 2 次,连用 3~5 日
抗微生物	酞磺醋酰	0	内服,0.1~0.2 g/kg 体重,一日 2 次,连用 3~5 日
抗微生物	吡哌酸	0	内服,40 mg/kg 体重,连用 5~7 日
抗微生物	恩诺沙星	10	内服,仔猪 2.5~5 mg/kg 体重,一日 2 次,连用 3~5 日。肌内注射,2.5 mg/kg 体重,一日 1~2 次,连用 2~3 日
抗微生物	盐酸二氟沙星	0	内服,5 mg/kg 体重,一日 1 次,连用 3~5 日
抗微生物	诺氟沙星	0	内服,10 mg/kg 体重,一日 1~2 次
抗微生物	盐酸环丙沙星	0	静脉、肌内注射,2.5 mg/kg 体重,一日 2 次,连用 3 日
抗微生物	乳酸环丙沙星	0	肌内注射,2.5 mg/kg 体重,一日 2 次。静脉注射,2 mg/kg 体重,一日 2 次
抗微生物	甲磺酸达诺沙星	5	肌内注射,1.25~2.5 mg/kg 体重,一日 1 次
抗微生物	马波沙星	2	肌内注射,2 mg/kg 体重,一日 1 次。内服,2 mg/kg 体重,一日 1 次。
抗微生物	乙酰甲喹	0	内服,5~10 mg/kg 体重,一日 2 次,连用 3 日。肌内注射,2~5 mg/1 kg 体重

续表1-1

药物类别	药物名称	休药期	使用指南
抗微生物	卡巴氧	0	混饲,促生长 10～25 g/1 000 kg 饲料,预防疾病 50 g/1 000 kg 饲料
抗微生物	喹乙醇	35	混饲,1 000～2 000 g/1 000 kg 饲料
抗微生物	呋喃妥因	0	内服,6～7.5 mg/kg 体重,一日 2～3 次
抗微生物	呋喃唑酮	7	内服,10～12 mg/kg 体重,一日 2 次,连用 5～7 日。混饲,2 000～3 000 g/1 000 kg 饲料
抗微生物	盐酸小檗碱	0	内服,0.5～1 g/kg 体重
抗微生物	乌洛托品	0	内服,5～10 g/kg 体重。静脉注射,5～10 g/kg 体重
抗微生物	灰黄霉素	0	内服,20 mg/kg 体重,一日 1 次,连用 4～8 周
抗微生物	制霉菌素	0	内服,50 万～100 万单位,一日 2 次
抗微生物	克霉唑	0	内服,0.75～1.5 g/kg 体重,一日 2 次
抗寄生虫	噻本达唑	30	内服,50～100 mg/kg 体重
抗寄生虫	阿苯达唑	10	内服,5～10 mg/kg 体重
抗寄生虫	芬苯达唑	5	内服,5～7.5 mg/kg 体重
抗寄生虫	奥芬达唑	21	内服,4 mg/kg 体重
抗寄生虫	氧苯达唑	14	内服,10 mg/kg 体重
抗寄生虫	氟苯达唑	14	内服,5 mg/kg 体重。混饲,30 g/1 000 kg 饲料,连用 5～10 日
抗寄生虫	非班太尔	10	内服,20 mg/kg 体重
抗寄生虫	硫苯尿酯	7	内服,50～100 mg/kg 体重
抗寄生虫	左旋咪唑	28	皮下、肌内注射,7.5 mg/kg 体重
抗寄生虫	噻嘧啶	1	内服,22 mg/kg 体重
抗寄生虫	精致敌百虫	7	内服,80～100 mg/kg 体重
抗寄生虫	哈乐松	7	内服,50 mg/kg 体重
抗寄生虫	伊维菌素	18	皮下注射,0.3 mg/kg 体重
抗寄生虫	阿维菌素	18	内服,0.3 mg/kg 体重
抗寄生虫	多拉菌素	24	皮下、肌内注射,0.3 mg/kg 体重
抗寄生虫	越霉素 A	15	混饲,5～10 g/1 000 kg 饲料
抗寄生虫	越霉素 B	15	混饲,10～13 g/1 000 kg 饲料
抗寄生虫	哌嗪	0	内服,0.25～0.3 g/kg 体重

续表 1-1

药物类别	药物名称	休药期	使用指南
抗寄生虫	枸橼酸乙胺嗪	0	内服,20 mg/kg 体重
抗寄生虫	硫双二氯酚	0	内服,75~100 mg/kg 体重
抗寄生虫	吡喹酮	0	内服,10~35 mg/kg 体重
抗寄生虫	硝碘酚腈	60	皮下注射,10 mg/kg 体重
抗寄生虫	硝硫氰酯	0	内服,15~20 mg/kg 体重
抗寄生虫	盐霉素钠	0	混饲,25~75 g/1 000 kg 饲料
抗寄生虫	地美硝唑	3	混饲,200 g/1 000 kg 饲料
抗寄生虫	二嗪农	14	喷淋,250 mg/1 000 mL 水
抗寄生虫	溴氰菊酯	21	药浴、喷淋,30~50 g/1 000 L 水
抗寄生虫	氰戊菊酯	0	药浴、喷淋,80~200 mg/L 水
抗寄生虫	双甲脒	7	药浴、喷洒,0.025%~0.05%溶液

四、处方药与非处方药

《兽药管理条例》规定,兽药经营企业销售兽用处方药的,应当遵守兽用处方管理规定。处方(prescription)系指兽医医疗和兽药生产企业用于药剂配制的一种重要书面文件,按其性质、用途,主要分为法定处方(又称制剂处方)和兽医师处方两种。

1. 法定处方

系指兽药典、兽药标准收载的处方,具有法律约束力,兽药厂在制造法定制剂和药品时,须按照法定处方所规定的一切项目进行配制、生产和检验。

2. 兽医师处方

是兽医师为预防和治疗动物疾病,针对就诊动物开写的药名、用量、配法及用法等的用药书面文件,是检定药效和毒性的依据,一般应保存一定时间以备查考。

3. 兽用处方药(veterinary prescription drugs)

是指凭执业兽医处方才能购买和使用的兽药。

4. 兽用非处方药(veterinary non-prescription drugs)

是指由农业部公布的,不需要凭执行兽医处方就可以购买和使用的兽药。非处方药在国外又称之为可在柜台上买到的药物(over the counter,OTC)。

五、假、劣兽药

(一)假兽药

以非兽药冒充兽药的;兽药所含成分的种类、名称与国家标准、行业标准或者地方标准不符合的;未取得批准文号的;国务院畜牧兽医行政管理部门明文规定禁止使用的。

(二)劣兽药

兽药成分含量与国家标准、行业标准或者地方标准规定不符合的;超过有效期的;因变质不能药用的;因被污染不能药用的;其他与兽药标准规定不符合,但不属于假兽药的。

(三)识别真假兽药

一般来说,可以通过药物包装检查、标签或说明书检查、药品的批号和有效期检查、批准文号检查、药品制剂的表观质量检查、疗效检查、防伪标识检查等方法来判断:

1. 包装检查

药物的包装必须符合药品质量的要求,如需避光的则应采用避光的包装,须防潮的则应采防潮包装,大包装内应有小包装;包装上必须按规定贴有或印有标签并附具说明书,检查内包装上是否附有检验合格标志,包装箱内有无检验合格证。用瓶包装应检查瓶盖是否密封,封口是否严密,有无松动现象,检查有无裂缝或药液释出,并应对外层大包装、内层小包装及容器上三者的标签内容逐一检查,看是否一致。

2. 标签或说明书检查

标签是兽药生产企业对药品质量和数量承担法律责任的标志之一。药品说明书是药品生产企业向兽药使用者宣传介绍药品特性、作用与用途、指导药品使用者合理使用药物的科学依据。按《兽药管理条例》的规定:标签或说明书必须注明商标、药品名称、规格、生产企业名称、产品批号和批准文号,写明兽药的主要成分、含量、作用、用途、用法、用量、有效期和注意事项等,而特别注意有无兽药生产批准文号,并且药品名称里必须标识售药产品通用名称(特别是要包含兽药主要成分的化学名),兽用药品要注明"兽用"字样,要通过"GMP"认证且要标注"GMP"字样,而养殖户应选择"GMP"兽药。

3. 药品的批号和有效期检查

批号是表示兽药生产日期和批次的一种编号,一个批号为同一生产工艺、一次投料量所得的产品。批号常为 6 位数字表示,即前两位表示年份,中间两位表示月份,后两位表示日期,若同一日期生产几批,则可加分号来表示不同的批次。如 080905-2,即表示该药品是 2008 年 9 月 5 日生产的第二批药品。药物的有效期是在规定的贮藏条件下,能够保证药品质量的期限。标签上的有效期,表示当月仍有效,下月则过期失效。而有的以有效期限来表示,则应以生产日期加上有效期年数则为该药品的有效年限。凡超过有效的药品则不要购买。

4. 批准文号检查

兽药批准文号是有关部门根据《兽药管理条例》,对特定的兽药生产企业按照兽药法定标准、生产工艺和生产条件生产某一兽药产品的法律许可凭证,具有专一性,不允许随意改变。兽药批准文号必须按农业部规定的统一编号格式,如果使用文件号或其他编号代替,冒充兽药生产批准文号,该产品视为无批准文号产品,则为假兽药。

5.药品制剂的表观质量检查

(1)注射剂(针剂) 水针剂(注射液)主要检查其可见异物、色度、色泽、裂瓶、漏气、浑浊、沉淀、装量。粉针剂主要检查色泽、黏瓶、裂瓶、溶化、结块、漏气、浑浊、沉淀、装量差异及溶解后的可见异物。

(2)水剂、酊剂、乳剂 主要检查其不应有的浑浊、沉淀、渗漏、挥发、分层、发霉、酸败、变色和装量。

(3)片剂、丸剂、胶囊剂 主要检查其色泽、斑点、潮解、发霉、溶化、粘瓶、裂片、均匀度,胶囊剂还应检查有无漏粉、漏油。

(4)散剂 主要检查其有无结块、异常黑点、霉变、重量差异等。

(5)软膏 主要检查有无变质、变色、溶化、分层、硬结、漏油。

(6)中药材 主要看其有无吸潮霉变、虫蛀、鼠咬等,出现上述现象不宜继续使用。

6.疗效检查

养殖户选购兽药应选购信誉好,质量稳定的企业生产的兽药,或购药后按照说明书用药后的效果来决定是否再次购买该药,或根据其他养殖户的使用效果选用。凡疗效不佳的兽药则不要选用。

7.防伪标识检查

在兽药生产企业中有些企业做有防伪标识以防假,购买时应根据其提供的防伪方法进行识别,以保证购买到正货、真货。

六、合理保存兽药

用户在通过上述检查后购进合格兽药后,还应注意根据各种兽药的特性进行合理保管,否则药品会因不当保管而失效从而使用时达不到应有的效果。药品保管的方法有密封保存、避光保存、低温保存等。

（1）密封保存　凡易吸潮发霉变质的药品如原料药、片剂、粉剂等应密封保存。胶塞铝盖包装的粉针剂，应注意防潮，贮存干燥处，且不得倒置。

（2）避光保存　凡见光可发生化学变化生成有色物质，出现变色物质，导致药效降低或毒性增加的药品，则必须盛装在棕色瓶等避光的容器内，避光保存。

（3）低温保存　受热易分解失效的原料药如抗生素及受热易挥发的药品如酒精则应存放于低温阴凉处。这里特别要注意用于免疫预防的疫苗在运输过程中应按要求采用冷链运输，在保存中应按相应疫苗保存的要求进行冷藏或冷冻

（4）防止过期失效　药品一般来说有一个有效使用期，凡超过有效期的药品不应使用。在生产实践中应建立药品过期的预警制度，凡将要失效的药品，在同类药中应优先使用。

第二章　常用兽药分类及安全使用

一、抗菌药

(一)青霉素类药物

青霉素类(penicillins)包括天然青霉素和半合成青霉素,属于β-内酰胺类抗生素(β-lactam antibiotics)。其中,天然青霉素包括青霉素,普鲁卡因青霉素,苄星青霉素等;半合成青霉素包括阿莫西林,氯唑西林,氨苄西林、苯唑西林、羧苄西林等。

1. 青霉素类药物理化性质及危害

青霉素,1928 年,Fleming 首次报道了青霉素的发现,1940 年,Chain、Flory 从青霉素培养液中获得大量青霉素而成功的作为第一个抗生素应用于临床。其相对分子质量为 334.40,是一种有机酸,性质稳定,难溶于水。青霉素分子由氢化噻唑环与β-内酰胺环合并而成,二者构成青霉素分子的母核,在母核上分别连有羧基和酰氨基侧链。其钾盐或钠盐为白色结晶性粉末;无臭或微有特异性臭;有引湿性;遇酸、碱或氧化剂等迅速失效,水溶液在室温放置易失效。在水中极易溶解,乙醇中溶解,在脂肪油或液状石蜡中不溶。青霉素游离酸的 pK_a 为 2.8。

普鲁卡因青霉素为青霉素长效品种,不耐酸,不能口服,只能肌内注射,禁止静脉给药。

苄星青霉素是长效青霉素,为白色结晶性粉末;在二甲基甲酸胺或甲酸腹中易溶,在乙醇中微溶,在水中极微溶解。

阿莫西林又称羟氨苄青霉素,为白色或类白色结晶性粉末;味微苦;在水中微溶,在乙醇中几乎不溶。pK_a 为 2.4、7.4 及 9.6,0.5% 水溶液的 pH 为 3.5~5.5。本品的耐酸性较氨苄西林强。

氯唑西林为白色粉末或结晶性粉末;微臭;味苦;有引湿性;在水中易溶,在乙醇中溶解,在醋酸乙酯中几乎不溶。

苯唑西林为白色结晶性粉末;无臭或微臭;味苦;可溶于水、乙醇,不溶于乙醚、丙酮,微溶于氯仿。

羧苄西林又称为白色或类白色粉末;引湿性强,对热不稳定;在水中易溶,在甲醇、苯或冰醋酸中溶解,在氯仿或乙醚中不溶。

氨苄西林又名氨苄青霉素,相对分子质量为 349.40,味微苦;无臭或微臭。其游离酸为白色或类白色结晶性粉末;有引湿性;微溶于水,不溶于乙醇;不耐酶,对酸稳定。其钠盐为白色或近白色粉末或结晶;有吸湿性;易溶于水。

在青霉素被发现以后,青霉素类药物在兽医临床抗感染治疗中发挥了举足轻重的作用,青霉素毒性很小,但使用青霉素类药物的过敏反应率高,居各类药物之首,据国际卫生组织统计,青霉素类药物过敏反应发生率为 0.7%~10%。其中,过敏性休克可在短时间内可致死,所以凡初次注射或停药 3 天后再用者,都应做皮肤过敏试验。另外,使用大剂量青霉素可干扰凝血机制而造成出血,偶然因大量青霉素进入中枢神经而引起中毒,可产生抽搐、神经根炎、大小便失禁,甚至瘫痪等"青霉素脑病",因此不要随意加大剂量。另外,常用青霉素易产生耐药性,具有耐药性的微生物可以通过动物性食品迁移到人体,而给人体健康带来危害。由于青霉素被广泛用于治疗牛乳腺炎和其他乳牛疾病,所以青霉素不可避免地被转移到最初几天的乳汁中,给乳制品带来严重影响。普鲁卡因青霉素、苄星青霉素作用较青霉素持久,但都易导致过敏反应,普鲁卡因青霉素血中有效浓度低,不宜用于治疗严重感染,且有导致二重感染的不良反应。

2. 最高残留限量

我国动物性食品中青霉素类抗生素的最高残留限量见表2-1。

表 2-1　我国动物性食品中青霉素类抗生素的最高残留限量

抗生素	最高残留限量/(mg/kg)					
	牛	羊	猪	家禽	鱼	其他
阿莫西林	0.05(肌肉)	0.05(肌肉)	0.05(肌肉)	0.05(肌肉)	0.05(肌肉)	
	0.05(脂肪)	0.05(脂肪)	0.05(脂肪)	0.05(脂肪)	0.05(脂肪)	
	0.05(肝)	0.05(肝)	0.05(肝)	0.05(肝)		
	0.05(肾)	0.05(肾)	0.05(肾)	0.05(肾)		
	0.01(奶)					
氯唑西林	0.3(肌肉)	0.3(肌肉)	0.3(肌肉)	0.3(肌肉)	0.3(肌肉)	0.3(肌肉)
	0.3(脂肪)	0.3(脂肪)	0.3(脂肪)	0.3(脂肪)	0.3(脂肪)	0.3(脂肪)
	0.3(肝)	0.3(肝)	0.3(肝)			
	0.3(肾)	0.3(肾)	0.3(肾)			
	0.03(奶)					
氨苄西林	0.05(肌肉)	0.05(肌肉)	0.05(肌肉)	0.05(肌肉)	0.05(肌肉)	
	0.05(脂肪)	0.05(脂肪)	0.05(脂肪)	0.05(脂肪)		
	0.05(肝)	0.05(肝)	0.05(肝)	0.05(肝)		
	0.05(肾)	0.05(肾)	0.05(肾)	0.05(肾)		
	0.05(奶)					
苄星青霉素/普鲁卡因青霉素	0.05(肌肉)	0.05(肌肉)	0.05(肌肉)	0.05(肌肉)	0.05(肌肉)	
	0.05(脂肪)	0.05(脂肪)	0.05(脂肪)	0.05(脂肪)	0.05(脂肪)	
	0.05(肝)	0.05(肝)	0.05(肝)	0.05(肝)	0.05(肝)	
	0.05(肾)	0.05(肾)	0.05(肾)	0.05(肾)	0.05(肾)	
	0.04(奶)					

3. 应用青霉素类注意事项

（1）青霉素不可与同类抗生素联用　由于它们的抗菌谱和抗菌机制大部分相似,联用效果并不相加。相反,合并用药加重肾损害,还可以引起呼吸困难或呼吸停止。它们之间有交叉抗药性,不主张两种 β-

内酰胺类抗生素联合应用。

(2)青霉素不可与磺胺和四环素联合用药 青霉素属繁殖期"杀菌剂",阻碍细菌细胞壁的合成,四环素属"抑菌剂",影响菌体蛋白质的合成,二者具有拮抗作用,一般情况下不应联合用药。

(3)青霉素不可与氨基苷类混合输液 两者混合于输液器输液,因青霉素的β-内酰胺可使庆大霉素产生灭活作用,其机制为两者之间发生化学相互作用,故严禁混合应用,应采用青霉素静脉滴注,庆大霉素肌肉注射。

(4)口服或注射给药时忌与碱性药物配伍,以免分解失效。

(5)不宜与盐酸四环素、卡那霉素、多黏菌素 E、磺胺嘧啶钠、三磷酸腺苷、辅酶 A 等混合静脉滴注,以免发生沉淀或降效。

(6)幼畜、肝、肾功能减退者慎用,妊娠末期慎用,哺乳期忌用。

4. 制剂与用法

注射用青霉素钠

【用法与用量】肌内注射:一次量,每千克体重,马、牛 1 万～2 万单位;羊、猪、驹、犊 2 万～3 万单位;犬、猫 3 万～4 万单位;禽 5 万单位。一日 2～3 次,连用 2～3 日。

临用前加灭菌注射用水适量使溶解。

注射用青霉素钾

【用法与用量】同注射用青霉素钠。

氨苄西林可溶性粉

【用法与用量】以氨苄西林计。混饮:每升水,家禽 60 mg。

氨苄西林混悬注射液

【用法与用量】皮下或肌内注射:一次量,每千克体重,家畜 5～7 mg。使用前应先将药液摇匀。一日 1 次,连用 2～3 日。

复方氨苄西林粉

【用法与用量】以氨苄西林计。内服:一次量,每千克体重,鸡 20～

50 mg。一日 1～2 次,连用 3～5 日。

注射用氨苄西林钠

【用法与用量】肌内、静脉注射:一次量,每千克体重,家畜 10～20 mg。连用 2～3 日。

阿莫西林可溶性粉

【用法与用量】以阿莫西林计。混饮:每升水,鸡 60 mg,连用 3～5 日。

复方阿莫西林粉

【用法与用量】以阿莫西林计。混饮:每升水,鸡 0.5 g。一日 2 次,连用 3～7 日。

阿莫西林、克拉维酸钾注射液

【用法与用量】肌内或皮下注射:每 20 kg 体重,牛、猪、犬、猫 1 mL。一日 1 次,连用 3～5 日。

注射用苯唑西林钠

【用法与用量】肌内注射:一次量,每千克体重,马、牛、羊、猪 10～15 mg;犬、猫 15～20 mg。一日 2～3 次,连用 2～3 日。

注射用普鲁卡因青霉素

【用法与用量】临用前加灭菌注射用水适量制成混悬液肌内注射:一次量,每千克体重,马、牛 1 万～2 万单位;羊、猪、驹、犊 2 万～3 万单位;犬、猫 3 万～4 万单位。一日 1 次,连用 2～3 日。

普鲁卡因青霉素注射液

【用法与用量】同注射用普鲁卡因青霉素。

注射用苄星青霉素

【用法与用量】肌内注射:一次量,每千克体重,马、牛 2 万～3 万单位;羊、猪 3 万～4 万单位;犬、猫 4 万～5 万单位。必要时 3～4 日重复一次。

注射用头孢噻呋

【用法与用量】肌内注射:一次量,每千克体重,猪 3 mg。一日

1 次。连用 3 日。皮下注射:一日龄雏鸡,每羽 0.1 mg。

盐酸头孢噻呋注射液

【用法与用量】以头孢噻呋计。肌内注射:一次量,每 1 kg 体重。猪 3～5 mg。一日 1 次,连用 3 日。

注射用头孢噻呋钠

【用法与用量】皮下注射:1 日龄雏鸡,每羽 0.1～0.2 mg。

(二)氨基糖苷类药物

氨基糖苷类抗生素(aminoglycosides)的化学结构含有氨基糖分子和非糖部分的糖原结合而成的苷,包括链霉素、卡那霉素、庆大霉素、新霉素、阿米卡星、大观霉素及安普霉素等。

1.氨基糖苷类药物理化性质及危害

链霉素是从灰链霉素培养液中提取获得,分子式 $C_{21}H_{39}N_7O_{12}$,作为药物使用其硫酸盐,为白色或类白色粉末无臭或几乎无臭;味微苦;有引湿性;在水中易溶,在乙醇或三氯甲烷中不溶,强酸、强碱条件下不稳定。硫酸链霉素制剂外观为黄色粉末,密度 0.38 g/L,pH 1.5～3.5,易溶于水,呈微酸性,在中性和酸性条件下稳定,碱性条件下易失效。

庆大霉素是自小单孢子属培养液中提取获得的 C1、C1a 和 C2 三种成分的复合物。3 种成分的抗菌活性和毒性基本一致。其硫酸盐为白色或类白色的粉末;无臭;有引湿性;在水中易溶,在乙醇、丙酮、三氯甲烷或乙醚中不溶。其 4% 的水溶液的 pH 为 4.0～6.0。

卡那霉素是由卡那链霉菌的培养液中提取获得的,有 A、B、C 3 种成分。临床上用的以卡那霉素 A 为主,约占 95%,亦含少量的卡那霉素 B,小于 5%。常用其硫酸盐,为白色或类白色粉末。无臭;有引湿性。在水中易溶,在乙醇、丙酮、三氯甲烷或乙醚中几乎不溶。水溶液稳定,于 100℃、30 min 灭菌不降低活性。

阿米卡星又称丁胺卡那霉素,为半合成的氨基糖苷类抗生素,将氨基羟丁酰基引入卡那霉素 A 分子的链霉素胺部分而得。其硫酸盐为白色或类白色结晶性粉末；几乎无臭，无味；有引湿性；在水中极易溶解，在甲醇中几乎不溶。其 1% 的水溶液的 pH 为 6.0～7.5。

大观霉素又称壮观霉素，其盐酸盐或硫酸盐为白色或类白色结晶性粉末；在水中易溶，在乙醇、三氯甲烷或乙醚中几乎不溶。

安普霉素的硫酸盐为微黄色至黄褐色粉末，有引湿性。在甲醇、丙酮、三氯甲烷或乙醚中几乎不溶。

氨基糖苷类抗生素由于对多数需氧革兰阴性杆菌、金黄色葡萄球菌以及结核分支杆菌有较强的抗菌活性，价格便宜，故在肺部感染中一直占有较重要的地位。但是，它们存在剂量依赖性的毒性反应，近年来在临床应用中受到一定的限制。氨基糖苷类药物可导致临床上出现神经肌肉麻痹，有较严重的耳毒性，肾毒性。也能引发过敏反应，但发生率比青霉素低。此外，部分药物还可产生二重感染、造血系统毒性反应及肝功能损害等。

2.最高残留限量

我国动物性食品中氨基糖苷类抗生素的最高残留限量见表 2-2。

表 2-2　我国动物性食品中氨基糖苷类抗生素的最高残留限量

抗生素	最高残留限量/(mg/kg)					
	牛	羊	猪	家禽	鱼	其他
链霉素	0.6(肌肉)	0.6(肌肉)	0.6(肌肉)	0.6(肌肉)	0.6(肌肉)	
	0.6(脂肪)	0.6(脂肪)	0.6(脂肪)	0.6(脂肪)	0.6(脂肪)	
	0.6(肝)	0.6(肝)	0.6(肝)	0.6(肝)		
	1(肾)	1(肾)	1(肾)	1(肾)		
	0.2(奶)					
链霉素	0.1(肌肉)		0.1(肌肉)			
	0.1(脂肪)		0.1(脂肪)			
	2(肝)		2(肝)			
	5(肾)		5(肾)			

续表 2-2

抗生素	最高残留限量/(mg/kg)					
	牛	羊	猪	家禽	鱼	其他
大观霉素	0.05(肌肉)	0.05(肌肉)	0.05(肌肉)	0.05(肌肉)		
	2(脂肪)	2(脂肪)	2(脂肪)	2(脂肪)		
	2(肝)	2(肝)	2(肝)	2(肝)		
	5(肾)	5(肾)	5(肾)	5(肾)		
	0.2(奶)			2(鸡蛋)		
新霉素	0.5(肌肉)	0.5(肌肉)	0.5(肌肉)	0.5(脂肪)		0.5(鸭肝)
	0.5(奶)	0.5(奶)		0.5(鸡蛋)		10(鸭肾)
安普霉素	猪、兔仅作口服用;产奶羊禁用;产蛋鸡禁用					

3. 应用氨基糖苷类注意事项

(1)严重肾功能不全者应慎重并减量使用,因为氨基糖苷类药物主要经肾脏排泄。

(2)注意药物相互作用。氨基糖苷类药物与其他药物联合使用可产生协同作用,也可产生拮抗作用,如氨基糖苷类和 β-内酰胺类药物联合应用时抗菌活性和 PAE 均呈协同效应而抗胆碱酯酶药(新斯的明),可以拮抗某些氨基糖苷类药物的神经肌肉阻滞作用。

(3)氨基糖苷类对厌氧细菌无抗菌作用,因为细菌对氨基糖苷类的摄取是一个需氧耗能的主动转运过程,在厌氧条件下这一过程不能进行。

(4)妊娠早期禁用。因为药物通过胎盘而损害胎儿听神经造成先天性耳聋,哺乳期不宜使用。

4. 制剂与用法

注射用硫酸链霉素

【用法与用量】肌内注射:一次量,每千克体重,家畜 10～15 mg。一日 2 次,连用 2～3 日。

注射用硫酸双氢链霉素

【用法与用量】肌内注射：一次量。每千克体重，家畜 10 mg，一日 2 次。

硫酸双氢链霉素注射液

【用法与用量】肌内注射：一次量。每千克体重，家畜 10 mg，一日 2 次。

硫酸卡那霉素注射液

【用法与用量】肌内注射：一次量，每千克体重，家畜 10～15 mg。一日 2 次，连用 3～5 日。

注射用硫酸卡那霉素

【用法与用量】肌内注射：一次量，每千克体重，家畜 10～15 mg。一日 2 次，连用 2～3 日。

硫酸庆大霉素注射液

【用法与用量】肌内注射：一次量，每千克体重，家畜 2～4 mg；犬、猫 3～5 mg。一日 2 次，连用 2～3 日。

硫酸庆大霉素注射液

【用法与用量】肌内注射：一次量，每千克体重，家畜 2～4 mg；犬、猫 3～5 mg。一日 2 次，连用 2～3 日。

硫酸新霉素片

【用法与用量】内服：一次量，每千克体重，犬、猫 10～20 mg。一日 2 次，连用 3～5 日。

硫酸新霉素可溶性粉

【用法与用量】以硫酸新霉素计。混饮：每升水，禽 50～75 mg。连用 3～5 日。

硫酸新霉素预混剂

【用法与用量】以硫酸新霉素计。混饲：每 1 000 kg 饲料，猪、鸡 77～154 g。

硫酸新霉素、甲溴东莨菪碱溶液

【用法与用量】内服:一次量。仔猪体重 7 kg 以下 1 mL,仔猪体重 7~10 kg 2 mL。

盐酸大观霉素可溶性粉

【用法与用量】以本品计。混饮:每升水,鸡 1~2 g,连用 3~5 日。

盐酸大观霉素、盐酸林可霉素可溶性粉

【用法与用量】以本品计。混饮:每升水,禽 0.5~0.8 g。连用 3~5 日。

硫酸庆大小诺霉素注射液

【用法与用量】肌内注射:一次量,每千克体重,猪 1~2 mg;鸡 2~4 mg。一日 2 次。

硫酸安普霉素预混剂

【用法与用量】以硫酸安普霉素计。混饲:每 1 000 kg 饲料,猪 80~100 g,连用 7 日。

硫酸安普霉素可溶性粉

【用法与用量】以硫酸安普霉素计。混饮:每升水。鸡 250~500 mg,连用 5 日;每千克体重,猪 12.5 mg,连用 7 日。

(三)头孢类药物

头孢菌素类药物属于 β-内酰胺抗生素,按发展类别头孢菌素类抗生素可分为第一代,第二代,第三代,第四代。第一代包括头孢噻吩,头孢氨苄,头孢唑啉,头孢羟氨苄等;第二代包括头孢西丁,头孢克洛,头孢呋辛等;第三代包括头孢赛肟,头孢唑肟,头孢曲松,头孢他啶,头孢噻呋等;第四代包括头孢吡,头孢喹肟等。

1.头孢类药物理化性质及危害

各种头孢菌素均为头孢烷酸的衍生物,其游离酸或取代酸都是有机酸,一般不溶于水,但其钾盐、钠盐则易溶于水,所以临床应用的头孢菌素类的注射剂型主要制成钠盐或钾盐。

头孢氨苄为白色或微黄色结晶性粉末;微臭;在水中微溶,在乙醇、三氯甲烷或乙醚中不溶。

头孢噻呋为类白色至淡黄色粉末;在水中不溶,在丙酮中微溶,在乙醇中几乎不溶。钠盐有隐湿性;在水中易溶。

头孢喹肟常用硫酸盐,为白色至淡黄色粉末;在水中易溶,在乙醇中略溶,在氯仿中几乎不溶。

头孢菌素已研究开发了包括第一代到第四代的50多个品种,为治疗各种病原菌引起的感染起着重要的作用,但是,2008年7月,国家药品不良反应监测中心头孢类抗生素不良反应报告结果令人深为此类药物担忧,抗感染药不良反应报告病例数约占总体药品不良反应报告总量的50%以上。近年WTO药品不良反应数据库检索结果表明,头孢类抗生素的不良反应发生率有逐年升高的趋势。头孢类药物可引起变态反应,造成胃肠道菌群紊乱,或二重感染。还可引起血液系统疾病,引起假性胆结石,有较严重的肾毒性,引起肾损害如血尿素氮、肌酐升高、血尿、少尿和蛋白尿等。

2. 最高残留限量

我国动物性食品中头孢类抗生素的最高残留限量见表2-3。

表2-3 我国动物性食品中头孢类抗生素的最高残留限量

抗生素	最高残留限量/(mg/kg)					
	牛	羊	猪	家禽	鱼	其他
头孢氨苄	0.2(肌肉)					
	0.2(脂肪)					
	0.2(肝)					
	1(肾)					
	0.1(奶)					

续表 2-3

抗生素	最高残留限量/(mg/kg)					
	牛	羊	猪	家禽	鱼	其他
头孢喹肟	0.05(肌肉)		0.05(肌肉)			
	0.05(脂肪)		0.05(皮+脂)			
	0.1(肝)		0.1(肝)			
	0.2(肾)		0.2(肾)			
	0.1(奶)					
头孢噻呋	1(肌肉)		1(肌肉)			
	2(脂肪)		2(脂肪)			
	2(肝)		2(肝)			
	6(肾)		6(肾)			
	0.1(奶)					

3.应用头孢类注意事项

(1)不宜与乙醇同用。因为头孢类抗生素可使乙醇氧化被抑制,发生双流仑反应。

(2)对青霉素过敏患畜禁用　因为可能引发过敏反应。

(3)不宜与其他有肾脏损害反应的药物同用　因为链霉素、万古霉素、阿司匹林、氨甲蝶呤等损害肾脏的药物使肾脏功能下降,而头孢也会损伤肾脏,同用会加大对肾脏的不良反应。

(4)肾功能不全者不宜使用　因为头孢类药物有较严重的肾毒性。

(5)不宜与沙星类药物、硫酸依替米星、硫酸奈替米星、去甲万古霉素、氨溴索等联合应用　因为易出现物理反应,滴液中可见持续时间较长的浑浊现象。

(6)不宜与强利尿药合用　因为呋塞米与头孢类联用时会增加肾中毒的可能性,阻碍头孢菌素经正常的药动学途径从肾排出,使血清和组织中头孢的浓度升高,高于常规有效浓度时间太长,对肾脏有毒性。

(7)不宜与丙磺酸合用　因为丙磺酸可降低头孢类药物的肾清除

率,使抗生素血药浓度在体内持续升高,可能增加肾损害。

(8)不宜与林可霉素合用　因为林可霉素与头孢类药物都是针对革兰氏阳性菌作用,两者会产生拮抗作用。

4. 制剂与用法

(1)头孢氨苄片　内服:一次量,每千克体重,马 22 mg,犬、猫 10～30 mg,每日 3～4 次,连用 2～3 日。

(2)头孢氨苄胶囊　内服:一次量,每千克体重,马 22 mg,犬、猫 10～30 mg,每日 3～4 次,连用 2～3 日。

(3)头孢氨苄乳剂　乳管注射:奶牛每乳室 200 mg,每日 2 次,连用 2 日。

(4)(盐酸)注射用头孢噻呋(钠)　肌内注射:一次量,每千克体重,牛 1.1 mg,犬 2.2 mg,每日 1 次,连用 3 日。皮下注射:一日龄雏鸡,每羽 0.1 mg。

(5)硫酸头孢喹诺注射液　肌内注射:一次量,每千克体重,牛 1 mg,猪 1～2 mg,每日一次,连用 3 日。乳管注入:奶牛每乳室 75 mg,每日两次,连用 2 日。

(四)大环内酯类药物

大环内酯类是一类具有 14～16 元环大环内酯基本化学结构的抗生素,兽用主要包括红霉素、泰乐菌素、替米考星、吉他霉素、螺旋霉素和竹桃霉素等。

1. 大环内酯类药物的理化性质及危害

红霉素是从红链霉菌的培养液中提取出来的。为白色或类白色的结晶或粉末;无臭;味苦;微有隐湿性。在甲醇、乙醇或丙酮中易溶,在水中极微溶解。其乳糖酸盐供注射用,为红霉素的乳糖醛酸盐,易溶于水。硫氰酸红霉素属动物专用药,为白色或类白色的结晶或粉末;无臭;味苦;微有引湿性。在甲醇、乙醇中易溶,在水中、氯仿中微溶。

泰乐菌素是从弗氏链霉菌的培养液中提取获得。为白色至浅黄色粉末;在甲醇中易溶,在乙醇、丙酮或三氯甲烷中溶解,在水中微溶,与酸制成盐后则易溶于水。水溶液在 pH 5.5～7.5 时稳定。若水中含铁、铜、铝等金属离子时,则可与本品形成络合物而失效。

替米考星为白色粉末;在甲醇、乙腈、丙酮中易溶,在乙醇、丙二醇中溶解,在水中不溶。其磷酸盐在水、乙醇中溶解。

吉他霉素其盐为白色或淡黄色结晶性粉末;无臭;味苦;微有引湿性;易溶于水、甲醇或乙醇,几不溶于乙醚、氯仿。

螺旋霉素为白色或微黄色粉末;微有味;微吸湿;易溶于乙醇、丙醇、丙酮和甲醇,难溶于水。本品具有强大的体内抗菌作用和抗菌后效应(PAE),能够增强吞噬细胞的吞噬作用,广泛分布于体内。

大环内酯抗菌药是一类毒副作用小、使用方便、价格便宜的抗菌药物,在对一些特殊疾病的治疗中是一类必不可少的药物,在兽医临床中对支原体感染防治上具有极其重要的作用。但是部分大环内酯类抗生素如红霉素、三乙酸竹桃霉素、罗红霉素、克拉红霉素等可与细胞色素 P 异构酶结合,形成复合物,导致药物代谢抑制。红霉素可使环孢素的吸收增加,地戈辛的代谢降低,可使茶碱、卡马西平、双异丙吡胺的清除率降低;此外,还可通过血浆蛋白结合置换作用,使血中的游离华法令的浓度升高。部分大环内酯类抗生素如红霉素、麦迪霉素等不应与刀内酰胺类抗生素联合应用,以免发生拮抗作用。另外,红霉素容易引起一些胃肠道反应,其代谢产物的积累,对肝脏造成毒性作用。还有可能诱发心脏毒性,静脉注射时可能产生肾毒性,低血钾症和血栓性静脉炎等。

2.最高残留限量

我国动物性食品中大环内酯类药物的最高残留限量见表 2-4。

表 2-4　我国动物性食品中大环内酯类药物的最高残留限量

抗生素	最高残留限量/(mg/kg)					
	牛	羊	猪	家禽	鱼	其他
红霉素	0.2(肌肉)	0.2(肌肉)	0.2(肌肉)	0.2(肌肉)	0.2(肌肉)	0.2(肌肉)
	0.2(脂肪)	0.2(脂肪)	0.2(脂肪)	0.2(脂肪)	0.2(脂肪)	0.2(脂肪)
	0.2(肝)	0.2(肝)	0.2(肝)			
	0.2(肾)	0.2(肾)	0.2(肾)			
	0.04(奶)			0.15(蛋)		
替米考星	0.1(肌肉)	0.1(肌肉)	0.1(肌肉)	0.075(肌肉)		
	0.1(脂肪)	0.1(脂肪)	0.1(脂肪)	0.075(皮＋脂)		
	1(肝)	0.05(奶)	1.5(肝)	1(肝)		
	0.3(肾)		1(肾)	0.25(肾)		
泰乐菌素	0.2(肌肉)		0.2(肌肉)	0.2(肌肉)		
	0.2(脂肪)		0.2(脂肪)	0.2(脂肪)		
	0.2(肝)		0.2(肝)	0.2(肝)		
	0.2(肾)		0.2(肾)	0.2(肾)		
	0.05(奶)			0.2(蛋)		

3. 应用大环内酯类注意事项

(1)不宜与氯霉素和林可霉素类同用　因为氯霉素与林可霉素等能与大环内酯类抗生素竞争细菌核糖体中 50S 亚基靶点,使其疗效降低。

(2)需快速杀菌时不宜与β-内酰胺类药物同用　因为大环内酯类抗菌药物能干扰β-内酰胺类药物的杀菌作用,避免发生拮抗作用。

(3)不宜与茶碱类、卡马西平等合用　因内酯类抗菌药物为肝脏药酶抑制剂,与茶碱类、卡马西平等需要通过肝脏药酶代谢的药物合用时,会干扰其药物代谢,使其半衰期延长,且浓度升高,故需避免同时使用或调整剂量。

(4)不宜与阿司咪唑和特非拉丁合用　因为红霉素、醋竹桃霉素、克拉霉素可抑制 CYP3A4 对后者药物的代谢而引起药物浓度升高,导致 QT 间隔延长、尖端扭转型室性心动过速或室性心律不齐,可诱发严重的心脏毒性反应。

(5)肝肾功能障碍者慎用　因肾功能障碍时,克拉霉素活性代谢产物积累,从而出现心脏毒性。

4.制剂与用法

红霉素片

【用法与用量】内服:一次量,每千克体重,犬、猫 10～20 mg。一日 2 次,连用 3～5 日。

注射用乳糖酸红霉素

【用法与用量】静脉注射:一次量,每千克体重,马、牛、羊、猪 3～5 mg;犬、猫 5～10 mg。一日 2 次,连用 2～3 日。

硫氰酸红霉素可溶性粉

【用法与用量】以本品计。混饮:每升水,鸡 2.5 g,连用 3～5 日。

吉他霉素片

【用法与用量】内服:一次量,每千克体重,猪 20～30 mg;禽 20～50 mg。一日 2 次,连用 3～5 日。

吉他霉素预混剂

【用法与用量】以吉他霉素计。混饲;每 1 000 kg 饲料。促生长。猪 5～50 g(500 万～5 000 万单位);鸡 5～10 g(500 万～1 000 万单位)。治疗。猪 80～300 g(8 000 万～30 000 万单位);鸡 100～300 g(1 000 万～30 000 万单位),连用 5～7 日。

酒石酸吉他霉素可溶性粉

【用法与用量】以酒石酸吉他霉素计。混饮:每升水,鸡 250～500 mg,连用 3～5 日。

泰乐菌素注射液

【用法与用量】肌内注射:一次量,每千克体重,猪 5～13 mg。一日 2 次,连用 7 日。

酒石酸泰乐菌素可溶性粉

【用法与用量】以酒石酸泰乐菌素计。混饮：每升水。禽 500 mg，连用 3～5 日。

注射用酒石酸泰乐菌素

【用法与用量】以酒石酸泰乐菌素计。皮下或肌内注射：每千克体重，猪、禽 5～13 mg。

磷酸泰乐菌素预混剂

【用法与用量】以本品计。混饲：每 1 000 kg 饲料，猪 400～800 g，鸡 300～600 g。

磷酸泰乐菌素、磺胺二甲嘧啶预混剂

【用法与用量】以泰乐菌素计。每 1 000 kg 饲料，猪 100 g，连用5～7 日。

酒石酸乙酰异戊酰泰乐菌素粉

【用法与用量】以乙酰异戊酰泰乐菌素计。混饮：每升水，鸡 200～250 mg，连用 3～5 日。

酒石酸乙酰异戊酰泰乐菌素预混剂

【用法与用量】以酒石酸乙酰异戊酰泰乐菌素计。混饲：每 1 000 kg 饲料，猪 1 000 g，连用 7 日。

替米考星预混剂

【用法与用量】以替米考星计。混饲：每 1 000 kg 饲料，猪 200～400 g，连用 15 日。

替米考星溶液

【用法与用量】以替米考星计。混饮：每升水、鸡 75 mg。连用 3 日。

替米考星注射液

【用法与用量】皮下注射：每千克体重，牛 10 mg，仅注射 1 次。

磷酸替米考星预混剂

【用法与用量】以磷酸替米考星计。混饲：每 1 000 kg 饲料，猪

200～400 g,连用 15 日。

(五)林可胺类药物

林可胺类是从链霉素发酵液中提取的一类抗生素,包括林可霉素和其半合成衍生物克林霉素。

1.林可胺类药物理化性质及危害

林可霉素又称洁霉素,其盐酸盐为白色结晶性粉末;有微臭或特殊臭;味苦;在水或甲醇中易溶,在乙醇中微溶。20％水溶液的 pH 为 3.0～5.5;性质较稳定,pK_a 为 7.6。

克林霉素又称氯林可霉素、氯洁霉素。其盐酸盐为白色或类白色晶粉,易溶于水。

林可胺类是一类抑菌剂,林可霉素的不良反应发生率较低,国外常见的不良反应是胃肠道损害,其中腹泻相对频数最高。林可霉素可会造成神经系统、泌尿系统、呼吸系统损害,严重者可引起休克。林可胺类注射液主要导致变态反应。

2.最高残留限量

我国动物性食品中林可胺类药物的最高残留限量见表 2-5。

表 2-5　我国动物性食品中林可胺类药物的最高残留限量

抗生素	最高残留限量(mg/kg)					
	牛	羊	猪	家禽	鱼	其他
林可霉素	0.1(肌肉)	0.1(肌肉)	0.1(肌肉)	0.1(肌肉)		
	0.1(脂肪)	0.1(脂肪)	0.1(脂肪)	0.1(脂肪)		
	0.5(肝)	0.5(肝)	0.5(肝)	0.5(肝)		
	1.5(肾)	1.5(肾)	1.5(肾)	1.5(肾)		
	0.15(奶)	0.15(奶)		蛋(0.05)		

3.应用林可胺类注意事项

(1)不宜与神经肌肉阻滞剂合用。因为克林霉素具有神经肌肉阻滞作用,可能会提高其他神经肌肉阻滞剂的作用,应谨慎使用。

(2)不宜与红霉素、氯霉素合用,因为两者间有拮抗作用。

(3)不宜与新生霉素、卡那霉素、氨苄青霉素、苯妥英钠、巴比妥盐酸盐、氨茶碱、葡萄糖酸钙及硫酸镁合用,可产生配伍禁忌。

(4)不宜与阿片类镇痛药合用,因为合用可能使呼吸中枢抑制现象加重。

4.制剂与用法

盐酸林可霉素片

【用法与用量】内服:一次量。每千克体重,猪 10～15 mg;犬、猫 15～25 mg。一日 1～2 次,连用 3～5 日。

盐酸林可霉素可溶性粉

【用法与用量】以林可毒素计。混饮:每升水,猪 40～70 mg,连用 7 日;鸡 20～40 mg,连用 5～10 日。

盐酸林可霉素预混剂

【用法与用量】以林可霉素计。混饲:每 1 000 kg 饲料、猪 44～77 g;禽 2 g。连用 1～3 周。

盐酸林可霉素注射液

【用法与用量】肌内注射:一次量,每千克体重,猪 10 mg,一日 1 次;犬、猫 10 mg,一日 2 次,连用 3～5 日。

盐酸林可霉素、硫酸大观霉素可溶性粉

【用法与用量】以本品计。混饮:每千克体重,猪 15 mg(或每升水,猪 150 mg);每升水,鸡 750 mg。

盐酸林可霉素、硫酸大观霉素预混剂

【用法与用量】以本品计。混饲:每 1 000 kg 饲料:猪 1 000 g,连用 1～3 周。

(六)多肽类抗生素

多肽类抗生素是一类具有多态结构的化学物质,兽医临床和动物生产中常用的药物包括黏菌素、杆菌肽、维吉尼霉素、恩拉霉素等。

1. 多肽类抗生素理化性质及危害

黏菌素又称多黏菌素 E、抗敌素。有多黏芽孢杆菌变种的培养液中提取获得。其硫酸盐为白色或类白色粉末;无臭;有引湿性;在水中易溶,在乙醇中微溶。

杆菌肽是由苔藓杆菌培养液中获得。其锌盐为淡黄色至淡棕黄色粉末;无臭;味苦;在吡啶中易溶,在水、甲醇、三氯甲烷或乙醚中几乎不溶。

维吉尼霉素又称弗吉尼亚霉素,为浅黄色粉末;有特臭;味苦;在三氯甲烷中易溶,在丙酮、乙醇中溶解,在水、乙醚中极微溶解。

恩拉霉素是白色或微黄白色粉末;易溶于稀盐酸,微溶于水、甲醇、乙醇,不溶于丙酮。

随着生物技术的发展,多肽作为药物在兽医临床上应用越来越广泛,多作为饲料药物添加剂,细菌对黏菌素不易产生耐药性,但与多黏菌素 B 之间有交叉耐药性;另外,黏菌素易引起对肾脏和神经系统的毒性反应,注射已少用。杆菌肽不适合用于全身治疗,欧盟从 1999 年开始禁用杆菌肽锌、维吉尼霉素作为促生长添加剂使用。

2. 最高残留限量

我国动物性食品中多肽类抗生素的最高残留限量见表2-6。

表2-6　我国动物性食品中多肽类抗生素的最高残留限量

抗生素	最高残留限量/(mg/kg)					
	牛	羊	猪	家禽	兔	其他
杆菌肽	0.5(可食组织)		0.5(可食组织)	0.5(可食组织)		
	0.5(奶)			0.5(蛋)		

续表 2-6

抗生素	最高残留限量/(mg/kg)					
	牛	羊	猪	家禽	兔	其他
黏菌素	0.15(肌肉)	0.15(肌肉)	0.15(肌肉)	0.15(肌肉)	0.15(肌肉)	
	0.15(脂肪)	0.15(脂肪)	0.15(皮+脂)	0.15(脂肪)	0.15(脂肪)	
	0.15(肝)	0.15(肝)	0.1(5肝)	0.15(肝)	0.15(肝)	
	0.2(肾)	0.2(肾)	0.2(肾)	0.2(肾)	0.2(肾)	
	0.05(奶)	0.05(奶)		0.3(蛋)		
维吉尼霉素			0.1(肌肉)	0.1(肌肉)		
			0.4(脂肪)	0.2(脂肪)		
			0.3(肝)	0.3(肝)		
			0.4(肾)	0.5(肾)		
			0.4(皮)	0.2(皮)		

3.应用多肽类抗生素注意事项

(1)肾功能障碍者不宜使用　因为多黏菌素、万古霉素在全身给药剂量过大或时间过长可出现肾脏毒性,尤其是原已有肾脏疾患则更易产生。

(2)剂量不宜过大　因为服用万古霉素血药浓度超过80 μg/mL易出现耳聋,维持在30 μg/mL以下则较安全。

4.制剂与用法

硫酸黏菌素可溶性粉

【用法与用量】以黏菌素计。混饮:每升水。猪 40～200 mg;鸡 20～60 mg。

硫酸黏菌素预混剂

【用法与用量】以黏菌素计。混饲:每1 000 kg饲料,犊牛(哺乳期)5～40 g;乳猪(哺乳期)2～10 g;仔猪 2～20 g;鸡 2～24 g。

杆菌肽锌预混剂

【用法与用量】以杆菌肽计。混饲:混饲:每1 000 kg饲料,犊 3月龄以下 10～100 g,3～6 月龄 4～40 g;猪 6 月龄以下 4～40 g;禽 16 周龄以下 4～40 g。

亚甲基水杨酸杆菌肽可溶性粉

【用法和用量】以杆菌肽计。混饮:每升水,鸡治疗 50～100 mg,连用 5～7 日;预防 25 mg。

杆菌肽锌、硫酸黏菌素预混剂

【用法与用量】以本品计。混饲:每 1 000 kg 饲料,仔猪 1 000～2 000 g;幼犊 2 000～4 000 g;鸡 500～1 000 g。

恩拉霉素预混剂

【用法与用量】以恩拉霉素计。混饲:每 1 000 kg 饲料,猪 2.5～20 g:鸡 1～5 g。

维吉尼霉素预混剂

【用法与用量】以维吉尼霉素计。混饲:每 1 000 kg 饲料,猪 10～25 g;鸡 5～20 g。

(七)四环素类药物

四环素类是一类具有共同多环并四苯酸羧基酰胺母核的衍生物,分为天然品和半合成品。其中,天然品包括四环素、土霉素、金霉素、去甲金霉素;半合成衍生物包括多西环素、美他霉素和米诺环素等。

1.四环素类药物理化性质及危害

土霉素为淡黄色至暗黄色的结晶性粉末或无定形粉末;无臭;在日光下颜色变暗,在碱溶液中易破坏失效;在乙醇中微溶,在水中极微溶解,易溶于稀酸、稀碱。常用其盐酸盐,为黄色结晶性粉末;性状稳定;在乙醇中略溶,易溶于水,水溶液不稳定,宜现配现用。其 10% 水溶液的 pH 为 2.3～2.9。

四环素由链霉菌培养液中提取获得。常用其盐酸盐,为黄色结晶性粉末,有隐湿性;遇光色渐变深;在碱性溶液中易破坏失效。在水中溶解,在乙醇中略溶。其1%水溶液的pH为1.8～2.8。水溶液放置后不断降解,效价降低,并变为浑浊。

金霉素由链霉素的培养液中所制得。常用其盐酸盐,为金黄色或黄色结晶;遇光色渐变深。在水或乙醇中微溶;其水溶液不稳定,浓度超过1%即析出;在37℃放置5 h,效价降低50%。

多西环素又称为脱氧土霉素、强力霉素。其盐酸盐为淡黄色或黄色结晶性粉末;易溶于水,微溶于乙醇;1%水溶液的pH为2～3;pK_a为3.5、7.7、9.5。

四环素类抗生素是光谱抗生素,但随着临床上四环素类耐药菌的大量产生,目前这类药物的使用逐渐减少。四环素类药物可在牙齿骨的钙质区内沉积并长期潴留于牙釉质及下层钙化区,引起牙齿黄染,沉积于生长发育的骨髓中,可引起骨生长暂时性抑制。另外,四环素类药物易引起二重感染,长期服用导致消化机能失常,造成肠炎和腹泻。有研究表明四环素类抗生素可引起严重肝损伤,妊娠期使用可引起胎儿致畸。

2.最高残留限量

我国动物性食品中四环素类药物的最高残留限量见表2-7。

表2-7　我国动物性食品中四环素类药物的最高残留限量

抗生素	最高残留限量(mg/kg)					
	牛	羊	猪	家禽	鱼	其他
土霉素/金霉素/四环素	0.1(肌肉)	0.1(肌肉)	0.1(肌肉)	0.1(肌肉)	0.1(肌肉)	
	0.3(肝)	0.3(肝)	0.3(肝)	0.3(肝)	0.3(肝)	
	0.6(肾)	0.6(肾)	0.6(肾)	0.6(肾)	0.6(肾)	
	0.1(奶)			0.2(蛋)	0.1(肉)	

3.应用四环素类药物注意事项

(1)除土霉素外,其他均不宜采用肌内注射。因为其盐酸盐水溶液属强酸性,刺激性大。

（2）妊娠期不宜使用。因为四环素类药物可引起胎儿畸形。

（3）成年反刍动物、马属动物和兔不宜内服给药。因为内服四环素易造成消化机能障碍的发生。

（4）避免与含多价金属离子的药品或饲料、乳制品共服。因为许多金属离子如钙、镁、铁、铝、铋等，包括含此类离子的中药，能与本类药络合而成不易吸收的物质，牛奶也有类似作用，所以要避免配合使用。

（5）肝功能障碍者不宜使用。因为四环素类可致肝损害。

（6）肾功能障碍者应避免使用。因为四环素类可加重氮质血症。

4. 制剂与用法

土霉素片

【用法与用量】内服：一次量，每千克体重，猪、驹、犊、羔 10～25 mg；犬 15～50 mg；禽 25～50 mg。一日 2～3 次，连用 3～5 日。

土霉素注射液

【用法与用量】肌内注射：一次量，每千克体重，家畜 10～20 mg（效价）。

长效土霉素注射液

【用法与用量】肌内注射：一次量，每千克体重，家畜 10～20 mg。

注射用盐酸土霉素

【用法与用量】静脉注射：一次量，每千克体重，家畜 5～10 mg。一日 2 次，连用 2～3 日。

长效盐酸土霉素注射液

【用法与用量】肌内注射：一次量，每千克体重，家畜 10～20 mg。

四环素片

【用法与用量】内服：一次量、每千克体重，家畜 10～20 mg。一日 2～3 次。

注射用盐酸四环素

【用法与用量】静脉注射：一次量，每千克体重，家畜 5～10 mg。一日 2 次,连用 2~3 日。

注射用盐酸金霉素

【用法与用量】静脉注射:一次量,每千克体重,家畜 5~10 mg。

盐酸多西环素片

【用法与用量】内服:一次量,每千克体重。猪、驹、犊、羔 3~5 mg;犬、猫;5~10 mg;禽 15~25 mg。一日 1 次,连用 3~5 日。

(八)磺胺类药物

磺胺类药物(sulfonamides,SAs)是含对氨基苯磺酰胺结构的一类药物的总称,包括氯苯酰胺(SN)、磺胺嘧啶(SD)、磺胺甲基嘧啶(SM_1)、磺胺二甲基嘧啶(SM_2)、磺胺对甲氧嘧啶(SMD)和磺胺间甲氧嘧啶(SMM)等。

1. 磺胺类药物理化性质及危害

磺胺类药物一般为白色或微黄色结晶性粉末,无臭。长期暴露于日光下,颜色会逐渐变黄。磺胺类药物性质相当稳定,可保存数年,其相对分子质量 170~300。微溶于水,易溶于乙醇和丙酮,在氯仿和乙醚中几乎不溶解。除磺胺脒为碱性外,SAS 因含芳伯胺基和磺酰胺基而呈酸碱两性,可溶解于酸碱两性溶液中。大部分磺胺类药物的 pKa 在 5~8 范围内,等电点为 3~5,少数 pKa 为 8.5~10.5。酸性较碳酸弱的 SAs 易吸收空气中的空气中的二氧化碳而析出沉淀。因其结构中带有苯环,各种 SAs 均具有紫外吸收。

磺胺类药物为广谱抑菌剂,对多种革兰氏阳性菌和一些革兰氏阴性菌有效,高度敏感的病原菌有链球菌、肺炎球菌、沙门氏菌、大肠杆菌和脑膜炎球菌。

治疗全身感染的常用药有磺胺二甲基嘧啶(SM_2)、磺胺甲氧哒嗪(SMP)、磺胺甲噁唑(SMZ)、磺胺对甲氧嘧啶(SMD)、磺胺间甲氧嘧啶(SMM)、磺胺嘧啶(SD)、磺胺苯吡唑(SPP)和磺胺噻唑(ST)等。其中

SM_2 易溶于盐酸、碱溶液，溶于热乙醇，不溶于水和乙醚。SMP 易溶于稀酸或碱溶液，略溶于二甲基甲酰胺、丙酮，微溶于热乙醇，几乎不溶于水。SMZ 易溶于稀酸或碱溶液，略溶于乙醇，几乎不溶于水。SMD 溶于碱溶液，微溶于乙醇、稀盐酸，几乎不溶于乙醚、水。SMM 溶于稀盐酸或碱溶液，略溶于丙酮，微溶于乙醇，不溶于水。SD 溶于稀盐酸或碱溶液，微溶于乙醇、丙酮，几乎不溶于水。SPP 易溶于无机酸、碱溶液，微溶于乙醇，几乎不溶于水。ST 溶于沸水、丙酮、稀盐酸或碱溶液，微溶于乙醇，极微溶于冷水，不溶于乙醚或氯仿。一般与甲氧苄啶(TMP)合用，可提高疗效，缩短疗程。

肠道感染用药常用磺胺脒(SG)、琥磺噻唑(SST)和酞磺噻唑(PST)等。其中 PST 在乙醇中微溶，在水或氯仿中几乎不溶，在氢氧化钠溶液中易溶。SG 溶于稀盐酸或沸水，微溶于乙醇、丙酮、水。SST 微溶于水、乙醇，溶于氢氧化钠或碳酸钠溶液产生二氧化碳。SST 作用与 SG、SST 相似而较强。可用于仔猪黄痢鸡畜禽白痢、大肠杆菌病等的治疗，常与二甲氧苄啶(DVD)合用以提高疗效。

外用药磺胺药有磺胺醋酰(SA)和磺胺嘧啶银(SD-Ag)等。SA 溶于乙醇，微溶于水或乙醚，几乎不溶于苯或氯仿。SD-Ag 为白色或类白色的结晶性粉末，遇光或遇热易变质，在水、乙醇、氯仿或乙醚中均不溶解，本品对铜绿假单胞菌的作用较强，且有收敛作用，可促进创面干燥结痂，可用于烧伤感染。

抗原虫感染可用磺胺喹噁啉(SQ)、磺胺氯吡嗪、SM_2 和 SMM 等。SQ 为淡黄色或黄色粉末，无臭，在乙醇中极微溶解，在水或乙醚中几乎不溶，在氢氧化钠溶液中易溶。本品常与氨丙啉或抗菌增效剂联合应用以扩大抗虫谱及增强抗球虫效应。磺胺氯吡嗪为类白色或淡黄色粉末，无臭，在水中易溶，在乙醇中微溶。本品性质稳定，口服吸收好，主要用于抗球虫病。

磺胺类药物的不良反应主要表现为急性和慢性中毒两类。①急性中毒：多发生于静脉注射其钠盐时，速度过快或剂量过大。主要表现为神经兴奋、共济失调、肌无力、呕吐、昏迷、厌食和腹泻等。牛、山羊还可见到视觉障碍、散瞳。雏鸡中毒时出现大批死亡。②慢性中毒:主要由于剂量偏大、用药时间过长而引起。主要症状为:泌尿系统损伤,出现结晶尿、血尿和蛋白尿等;抑制胃肠道菌丛,导致消化系统障碍和草食动物的多发性肠炎等;造血机能破坏,出现溶血性贫血、凝血时间延长和毛细血管渗血;肝脏损害,发生黄疸,肝功能减退,严重者可发生急性肝坏死;甲状腺肿大及功能减退偶有发生;偶可发生无菌性脑膜炎,有颈项强直等表现;动物试验发现有致畸作用;幼畜或幼禽免疫系统抑制、免疫器官出血及萎缩;家禽慢性中毒时,增重减慢,蛋鸡产蛋率下降,蛋破损率和软蛋率增加;连续过量使用磺胺药物对鱼体的不良影响,主要表现在使肝、肾的负荷过重,导致颗粒性白细胞缺乏症、急性及亚急性溶血性贫血以及再生障碍性贫血。

2. 最高残留限量

我国动物性食品中磺胺类药物的最高残留限量规定见表 2-8。

表 2-8 我国动物性食品中磺胺类药物的最高残留限量规定

药物	标识残留物	动物种类	最高残留限量/(mg/kg)
磺胺类药物 Sulfonamides	Parent drug(总量)	所有食品动物 牛/羊	0.1(肌肉) 0.1(脂肪) 0.1(肝) 0.1(肾) 0.1(奶)
磺胺二甲嘧啶 Sulfadimidine	磺胺二甲嘧啶 Sulfadimidine	牛	0.025(奶)

3. 应用磺胺类药物注意事项

(1)要有足够的剂量和疗程,首次内服常用加倍量(负荷量),使血药浓度迅速达到有效抑菌浓度,连用 3～5 日。

(2)动物用药期间应充分饮水,以增加尿量、促进排出;幼畜、杂食或肉食动物使用磺胺类药物时,宜与等量的碳酸氢钠同服,以碱化尿液,促进排出;补充维生素 B 和维生素 K。

(3)磺胺钠盐注射液对局部组织有很强的刺激性,宠物不宜肌内注射,一般应静脉注射。

(4)磺胺类药物一般应与抗菌增效剂联合使用,以增强药效。勿与酸性药物配伍应用。

(5)蛋鸡产蛋期禁用。

4.制剂与用法

磺胺嘧啶片

【用法与用量】内服:一次量,每千克体重,家畜首次量 0.14~0.2 g。维持量 0.07~0.1 g。一日 2 次,连用 3~5 日。

复方磺胺嘧啶预混剂

【用法与用量】以磺胺嘧啶计。混饲:一日量,每千克体重,猪 15~30 mg,连用 5 日 25~30 mg,连用 10 日。

复方磺胺嘧啶混悬液

【用法与用量】混饮:混饮:每升水,鸡 0.2~0.4 mL,连用 5~7 日。

磺胺嘧啶钠注射液

【用法与用量】静脉注射:一次量,每千克体重,家畜 0.05~0.1 g。一日 1~2 次,连用 2~3 日。

复方磺胺嘧啶钠注射液

【用法与用量】以磺胺嘧啶计。肌内注射:一次量,每千克体重,家畜 20~30 mg,一日 1~2 次,连用 2~3 日。

磺胺噻唑片

【用法与用量】内服:一次量,每千克体重,家畜首次量 0.14~0.2 g。维持量 0.07~0.1 g。一日 2~3 次,连用 3~5 日。

磺胺噻唑钠注射液

【用法与用量】静脉注射:一次量,每千克体重,家畜 0.05~0.1 g。

一日 1～2 次,连用 2～3 日。

磺胺二甲嘧啶片

【用法与用量】内服:一次量,每千克体重,家畜首次量 0.14～0.2 g。维持量 0.07～0.1 g。一日 2～3 次,连用 3～5 日。

磺胺二甲嘧啶钠注射液

【用法与用量】静脉注射:一次量,每千克体重,家畜 50～100 mg。一日 1～2 次,连用 2～3 日。

磺胺甲唑片

【用法与用量】内服:一次量,每千克体重,家畜首次量 50～100 mg。维持量 25～50 mg。一日 2 次,连用 3～5 日。

磺胺对甲氧嘧啶片

【用法与用量】内服:一次量,每千克体重,家畜首次量 50～100 mg。维持量 25～50 mg。一日 2 次,连用 3～5 日。

复方磺胺对甲氧嘧啶片

【用法与用量】内服:一次量,每千克体重,家畜 25～50 mg。一日 2 次,连用 3～5 日。

磺胺对甲氧嘧啶、二甲氧嘧啶片

【用法与用量】以磺胺对甲氧嘧啶计。内服:一次量,每千克体重,家畜 25～50 mg。一日 2 次,连用 3～5 日。

磺胺对甲氧嘧啶、二甲氧嘧啶预混剂

【用法与用最】混饲:每 1 000 kg 饲料,猪、禽 1 000 g。

复方磺胺对甲氧嘧啶钠注射液

【用法与用量】以磺胺对甲氧嘧啶钠计。肌内注射:一次量,每千克体重。家畜 15～20 mg。一日 2 次,连用 2～3 日。

磺胺间甲氧嘧啶片

【用法与用量】内服:一次量,每千克体重,家畜首次量 50～100 mg。维持量 25～50 mg。一日 2 次,连用 3～5 日。

磺胺间甲氧嘧啶钠注射液

【用法与用量】静脉注射：一次量，每千克体重，家畜 50 mg。一日 1～2 次，连用 2～3 日。

复方磺胺氯达嗪钠粉

【用法和用量】以磺胺氯达嗪钠计。内服：一次量，每千克体重，猪 20～30 mg，连用 5～10 日；鸡 20～30 mg，连用 3～6 日。

磺胺甲氧达嗪片

【用法与用最】内服：一次量，每千克体重，家畜首次量 50～100 mg。维持量 25～50 mg。一日 2 次，连用 3～5 日。

磺胺甲氧达嗪钠注射液

【用法和用量】静脉或肌内注射：一次量，每千克体重，家畜 50 mg，一日 1 次。

复方磺胺甲氧达嗪钠注射液

【用法和用量】肌内注射：一次量，每千克体重，家畜 10～20 mg（以磺胺甲氧达嗪钠计）。

磺胺脒片

【用法与用量】内服：一次量，每千克体重，家畜 0.1～0.2 g。一日 2 次，连用 3～5 日。

酞磺胺噻唑片

【用法与用量】内服：一次量，每千克体重，犊、羔羊、猪、犬、猫家畜 0.1～0.15 g。一日 2 次，连用 3～5 日。

醋酸磺胺米隆

【用法与用量】外用：湿敷 5%～10%溶液。

磺胺嘧啶银

【用法与用量】外用：撒布于创面或配成 2%混悬液湿敷。

(九)喹诺酮类药物

喹诺酮类(quinolones，QNs)是人工合成的一类具有 4-喹诺酮环结构的药物,是对细菌 DNA 螺旋酶具有选择性抑制的抗菌剂,又称吡啶酮酸类或吡酮酸类。

1. 喹诺酮类药物理化性质及危害

喹诺酮类药物均为白色或淡黄色结晶性粉末。多数熔点在 200℃以上(熔融伴随分解),形成盐后熔点可超过 300℃。一般易溶于稀碱、稀酸溶液和冰乙酸,在 pH 6～8 的水中溶解度最低,在甲醇、氯仿、乙醚等多数溶剂中难溶或不溶。形成盐后易溶于水。

第一代喹诺酮类药物,临床上用的主要是萘啶酸,只对大肠杆菌、痢疾杆菌、肺炎杆菌、变形杆菌及沙门氏菌等有效;对革兰氏阳性菌、绿脓杆菌作用弱或无效。现有品种为萘啶酸。因疗效不佳、又易产生耐药性,临床现已少用。

第二代喹诺酮类药物,临床上用的主要有吡哌酸和氟甲喹等。其抗菌谱比萘啶酸明显扩大,对大肠杆菌、痢疾杆菌等有较强的抗菌活性,且对绿脓杆菌有效。国内主要有吡哌酸。

第三代喹诺酮类药物,通过化学结构修饰在其主环 C6 位引入氟原子,故又称为氟喹诺酮类(fluoroquinolones,FQs)。其抗菌谱进一步扩大,抗菌活性更强,对革兰氏阳性菌如金黄色葡萄球菌、链球菌及革兰氏阴菌等有效,兽医临床广泛应用的抗革兰氏阳性菌与阴性菌及霉形体的有效抗菌药。恩诺沙星(乙基环丙氟哌酸)、达氟沙星(单诺沙星)、氧氟沙星(双氟哌酸)和沙拉沙星为动物专用的 FQs 药物。

第四代 QNs 是在 20 世纪 90 年代后期上市,除具有第三代药物的优点外,抗菌谱进一步扩展到衣原体等病原体,且对革兰氏阳性菌和厌氧菌的活性强于 CIP 等。此类药物具有吸收迅速、分布广泛、血药浓度高、半衰期长以及生物利用度高等优点。上市 QNs 及其上市时间见表 2-9。

表 2-9　上市 QNs 一览表

分类 Class	药物 Drug	英文名 English name	开发单位,上市时间 Company
第一代	萘啶酸	nalidixic acid	Division of Sterling Drug, 1964
	奥索利酸	oxolinic acid,OXO	Warner -Lambert,1968
	吡咯酸	piromidic acid	大日本制药,1969
第二代	西诺沙星	clinoxacin	礼来(Eli Lilly),1970
	氟甲喹	flumequine,FLU	
	吡哌酸	pipernidic acid	Laboratoire Roger Bellon,1974
第三代	氟啶酸、依诺沙星	enoxacin,ENO	大日本制药,1982
	氟哌酸、诺氟沙星	norfloxacin,NOR	日本杏林制药,1983
	甲氟哌酸、培氟沙星	perfloxacin,PEF	Laboratoire Roger Bellon,1984
	氟嗪酸、氧氟沙星	ofloxacin,OFL	日本第一制药(Daiichi), 1986
	环丙氟哌酸、环丙沙星	ciprofloxacin,CIP	拜耳(Bayer),1987
	洛美沙星	lomefloxacin,LOM	日本北陆制药,1990
	妥舒沙星	tosufloxacin	日本富山化学,1990
	替马沙星	temafloxacin	雅培(Abbott),1991
	芦氟沙星	rufloxacin	Mediolanum S. P. A., 1992
	氟罗沙星	fleroxacin	日本杏林制药,1992
	加替沙星	gatifloxacin	日本杏林制药
	氨氟沙星	amifloxacin	
	加雷沙星	garenoxacin	日本富山公司与大正药 业,2007
	乙基环丙沙星、恩诺沙星 *	enrofloxacin,ENR	拜耳(Bayer),1978
	沙拉沙星 *	sarafloxacin,SAR	雅培(Abbott),1995
	双氟哌酸、二氟沙星 *	difloxacin,DIF	雅培(Abbott),1984
	甲基环丙沙星、达氟沙星 *	danofloxacin,DAN	辉瑞(Pfizer),1990

续表 2-9

分类 Class	药物 Drug	英文名 English name	开发单位,上市时间 Company
	麻保沙星*	marbofloxacin,MAR	Vetoquinol,1995
	依巴沙星*	ibafloxacin	Smith Kline
	奥比沙星*	orbifloxacin	Danippon,1995
	帕多沙星	pradofloxacin	拜耳(Bayer)
	宾氟沙星*	binfloxacin	辉瑞(Pfizer),1990
第四代	司帕沙星	sparfloxacin	大日本制药,1993
	那地沙星	nadifloxacin	大冢制药,1993
	左氟沙星	levofloxacin	日本第一制药(Daiichi), 1994
	格帕沙星	grepafloxacin	大冢制药,1997
	曲伐沙星	trovafloxacin	辉瑞(Pfizer),1998
	西他沙星	sitafloxacin	日本第一制药(Daiichi), 2008
	加雷沙星	garenoxacin	Toyama,2007
	贝西沙星	besifloxacin	Bausch & Lomb,2009
	安妥沙星	antofloxacin	上海药物研究所,2009

* 动物专用喹诺酮类药物。

　　恩诺沙星为微黄色或淡橙色结晶粉末,无臭,味微苦,遇光色渐变为橙红色。在甲醇中微溶,在水中极微溶解,在醋酸、盐酸或氢氧化钠溶液中易溶。其盐酸盐及乳酸盐均易溶于水,一般酸盐比较稳定,钠盐溶解度较高。本品为动物专用的杀菌性光谱抗菌药,对支原体有特效,抗支原体的效力比泰乐菌素和泰妙菌素强。其作用有明显的浓度依赖性,并有明显的抗菌后效应。

　　达氟沙星用其甲磺酸盐,为白色至淡黄色结晶粉末,无臭,味苦,在水中易溶,在甲醇中微溶。本品抗菌谱与恩诺沙星相似,尤其对畜禽的呼吸道致病菌有很好的抗菌活性。

　　二氟沙星盐酸盐为类白色或淡黄色结晶粉末,无臭,味微苦,遇光色渐变深,有引湿性,在水中微溶,在乙醇中极微溶,在冰醋酸中微溶。

本品抗菌谱与恩诺沙星相似,但抗菌活性略低。对畜禽呼吸道致病菌有良好的抗菌活性,尤其对葡萄球菌有较强的作用。

沙拉沙星盐酸盐为类白色至淡黄色结晶粉末,无臭,味微苦,有引湿性,遇光、热色渐变深。在水或乙醇中几乎不溶或不溶,在氢氧化钠溶液中溶解。本品抗菌谱与二氟沙星相似,对支原体的效果略差于二氟沙星,也用于鱼敏感菌感染性疾病。

QNs 广泛用于兽医临床,已出现细菌耐药性。耐药性问题也是QNs 在畜牧养殖业使用争论和政策附带结果的最大源头。

本类药物的不良反应有:①影响软骨发育,对负重关节的软骨组织生长有不良影响。兽医治疗中毒性反应包括幼畜关节病(特别是犬);②损伤尿道,在尿中可形成结晶,尤其是使用剂量过大或动物饮水不足时更易发生;③胃肠道反应,剂量过大,一般产生胃肠道的紊乱如食欲下降或废绝、饮欲增加、呕吐、腹泻;④中枢神经系统潜在的兴奋作用,在较高剂量,出现站立不稳、烦躁不安、嗜睡等中枢神经系统症状,犬中毒时兴奋不安,抽搐或癫痫样发作,鸡中毒时先兴奋、后呆滞或昏迷死亡;⑤过敏反应,偶见红斑、瘙痒及光敏反应,所有上市的喹诺酮类都会发生光敏感化反应,尤其是甲氟哌酸,而氟哌酸和环丙氟哌酸很少发生。

QNs 的毒性主要取决于药物剂量和动物种类。QNs 的作用机制主要影响原核细胞的 DNA 合成,但其个别品种的药物已在真核细胞内显示出致突变作用,研究人员已证明恩诺沙星在实验动物中显示一定的致突变和胚胎毒作用,奥索利酸、萘啶酸对大鼠有潜在的致癌作用。此外,QNs 对眼的毒性包括猫视网膜变性和由某些 QNs 引起的囊下白内障。

2.最高残留限量

各国对动物性食品中喹诺酮类药物的最高残留限量的规定见表2-10。

表 2-10 动物性食品中喹诺酮类药物的最高残留限量

药物 Drug	残留标示物 Residue marker	动物类别 Animal	组织 Tissue	欧盟 EU	中国 China	美国 USA
达诺沙星 danofloxacin	danofloxacin	除牛、绵羊、山羊和家禽之外所有食品动物	肌肉 脂肪 肝/肾	100 50 200	100 50 200	
ADI：24		牛、绵羊、山羊	肌肉 脂肪 肝/肾 奶	200 100 400 30	200 100 400 30	 200 200(肾)
		家禽	肌肉 皮+脂 肝/肾	200 100 400	200 100 400	
二氟沙星 difloxacin ADI：10	difloxacin	除牛、绵羊、山羊和家禽之外所有食品动物	肌肉 脂肪 肝 肾	300 100 800 600	400 100 1 400 800	
		牛、绵羊、山羊	肌肉 脂肪 肝 肾	400 100 1 400 800	400 100 800 800	
		猪	肌肉 皮+脂 肝 肾	400 100 800 800	300 400 1 900 600	
		家禽	肌肉 皮+脂 肝 肾	300 400 1 900 600	300 100 800 600	
恩诺沙星 enrofloxacin ADI：6.2	enrofloxacin+ ciprofloxacin （环丙沙星）	除牛、绵羊、山羊、猪、兔和家禽之外所有食品动物	肌肉 脂肪 肝 肾	100 100 200 200	100 100 300 200	

续表 2-10

药物 Drug	残留标示物 Residue marker	动物类别 Animal	组织 Tissue	欧盟 EU	中国 China	美国 USA
		牛、绵羊、山羊	肌肉	100	100	
			脂肪	100	100	
			肝	300	100	100
			肾	200	200	
			奶	100	300	
		猪、兔	肌肉	100	100	
			脂肪	100	100	
			肝	200	200	
			肾	300	300	
		家禽	肌肉	100	100	
			皮+脂	100	100	
			肝	200	200	300
			肾	300	200	
氟甲喹 flumequine ADI：8.25	flumequine	除牛、绵羊、山羊、猪、家禽和有鳍鱼类之外所有食品动物	肌肉	200		
			脂肪	250		
			肝	500		
			肾	1 000		
		牛、猪、绵羊、山羊	肌肉	200	500	
			皮+脂	300	1 000	
			肝	500	500	
			肾	1 500	3 000	
			奶			
		家禽	肌肉	400	500	
			皮+脂	250	1 000	
			肝	800	500	
			肾	1 000	3 000	
		有鳍鱼	肉+皮	600	500	
麻保沙星 marbofloxa-cin ADI：4.5	marbofloxacin	牛	肌肉	150		
			脂肪	50		
			肝/肾	150		
			奶	75		

续表 2-10

药物 Drug	残留标示物 Residue marker	动物类别 Animal	组织 Tissue	欧盟 EU	中国 China	美国 USA
		猪	肌肉	150		
			皮+脂	50		
			肝/肾	150		
恶喹酸 oxolinic acid ADI：2.5	oxolinic acid	猪	肌肉	100	100	
			皮+脂	50	50	
			肝/肾	150	150	
		鸡	肌肉	100		
			皮+脂	50		
			肝/肾	150		
			蛋		50	
		有鳍鱼	皮+肉	100	300	
沙拉沙星 sarafloxacin ADI：0.4	sarafloxacin	鸡/火鸡	皮	10	10	
			脂肪		20	
			肝	100	80	
			肾		80	
		鲑鱼	皮+肉	30	30	
麻保沙星 marbo- floxacin ADI：4.5	marbofloxacin	牛	肌肉	150		
			脂肪	50		
			肝/肾	150		
			奶	75		
		猪	肌肉	150		
			皮+脂	50		
			肝/肾	150		

3. 应用喹诺酮类药物注意事项

(1)禁用于幼龄动物(尤其是马和小于8周龄的犬)、产蛋期蛋鸡和孕畜。

(2)患癫痫的犬、肉食动物、肝肾功能不良患畜慎用。

(3)本类药物耐药菌株呈增多趋势,且本类药物之间存在交叉耐药性,不应在亚治疗剂量下长期使用。

（4）氟喹诺酮类药物不应与利福平等 DNA、RNA 及蛋白质合成抑制剂联合应用。

4. 制剂与用法

恩诺沙星片

【用法与用量】内服:一次量,每千克体重,犬、猫 2.5～5 mg;禽5～7.5 mg。一日 2 次,连用 3～5 日。

恩诺沙星可溶性粉

【用法与用量】以恩诺沙星计。混饮:每升水,鸡 50～75 mg,连用 3～5 日。

恩诺沙星溶液

【用法与用量】以恩诺沙星计。混饮:每升水,鸡 50～75 mg,连用 3～5 日。

恩诺沙星注射液

【用法与用量】肌内注射:一次量。每千克体重,牛、羊、猪2.5 mg;犬、猫、兔 2.5～5 mg。一日 1～2 次,连用 2～3 日。

乳酸环丙沙星可溶性粉

【用法与用量】以环丙沙星计。混饮:每升水,禽 40～80 mg。一日 2 次,连用 3 日。

乳酸环丙沙星注射液

【用法与用量】以环丙沙星计。肌内注射:一次量。每千克体重,家畜 2.5 mg;禽 5 mg。静脉注射:家畜 2 mg。一日 1～2 次,连用 2～3 日。

盐酸环丙沙星可溶性粉

【用法与用量】以环丙沙星计。混饮:每升水、鸡 40～80 mg。一日 2 次,连用 3～5 日。

盐酸环丙沙星注射液

【用法与用量】静脉、肌内注射:一次量。每千克体重,家畜2.5~5 mg;家禽5~10 mg。一日1~2次,连用2~3日。

盐酸沙拉沙星片

【用法与用量】以沙拉沙星计。内服:一次量,每千克体重,鸡5~10 mg。一日1~2次,连用3~5日。

盐酸沙拉沙星可溶性粉

【用法与用量】以沙拉沙星计。混饮:每升水,鸡50~100 mg,连用3~5日。

盐酸沙拉沙星溶液

【用法与用量】以沙拉沙星计。混饮:每升水,鸡50~100 mg,连用3~5日。

盐酸沙拉沙星注射液

【用法与用量】肌内注射:一次量。每千克体重,猪、鸡2.5~5 mg。一日2次,连用3~5日。

甲磺酸达氟沙星粉

【用法与用量】以达氟沙星计。内服:每千克体重,鸡2.5~5 mg。一日1次,连用3日。

甲磺酸达氟沙星溶液

【用法与用量】以达氟沙星计。混饮:每升水,鸡25~50 mg,一日1次,连用3日。

盐酸二氟沙星片

【用法与用量】以二氟沙星计。内服:一次量,每千克体重,鸡5~10 mg。一日2次,连用3~5日。

盐酸二氟沙星溶液

【用法与用量】以二氟沙星计。内服:一次量,每千克体重,鸡5~10 mg。一日2次,连用3~5日。

盐酸二氟沙星注射液

【用法与用量】以二氟沙星计。肌内注射：一次量。每千克体重，猪 5 mg。一日 1 次，连用 3 日。

烟酸诺氟沙星可溶性粉

【用法与用量】以诺氟沙星计。混饮：每升水，鸡 50～100 mg，连用 3～5 日。

烟酸诺氟沙星溶液

【用法与用量】以诺氟沙星计。混饮：每升水，鸡 50～100 mg，连用 3～5 日。

烟酸诺氟沙星注射液

【用法与用量】肌内注射：一次量。每千克体重，仔猪 10 mg。一日 2 次，连用 3～5 日。

乳酸诺氟沙星可溶性粉

【用法与用量】以诺氟沙星计。混饮：每升水，鸡 50～100 mg，连用 3～5 日。

氟甲喹可溶性粉

【用法与用量】内服：一次量，每千克体重，马、牛 1.5～3 mg；羊 3～6 mg；猪 5～10 mg；禽 3～6 mg。首次量加倍。一日 2 次，连用 3～4 日。

萘啶酸片

【用法与用量】内服：一日量，每千克体重，犬、猫 50 mg，分 2～4 次内服。

（十）硝基咪唑类药物

硝基咪唑类药物（nitroimidazoles）属于硝基杂环化合物，具有抗原虫活性和抗菌活性，其抗厌氧菌作用较强。本类药物共同特点是咪唑环上带 N-1 甲基和 5-硝基取代基，只有 C-2 位上的取代基不同，主要包括地美硝唑（dimetridazole，DMZ）、甲硝唑（metronidazole，MNZ）、洛硝唑(ronidazole,RNZ)、4-硝基咪唑(4-nitroimidazole)、异丙硝唑(lpronidazole,IPZ)、氯甲硝咪唑(5-chloro-1-methyl-4-nitroimidazole)、羟基二甲硝咪唑(dimetridazole-2-hydroxy,DMZOH)、羟基甲硝唑(metronidazole-OH,MNZOH)、奥硝唑(ordazole,ONZ)等。我国规定地美硝唑和甲硝唑允许用于动物的治疗作用,但不得在动物性食品中检出。

1. 硝基咪唑类药物理化性质及危害

本类药物多为白色或黄色结晶粉末,可汽化,能不同程度地溶于水、丙酮、甲醇、乙醇、氯仿和乙酸乙酯,也溶于酸液,在碱性溶液中不稳定。对光敏感。一般保存于棕色瓶中,长时间干燥容易挥发,大多显弱碱性。

甲硝唑为白色或微黄色结晶;有微臭,味苦而略咸。在乙醇中略溶,在水或氯仿中微溶,在乙醚中极微溶解。熔点为 159~163℃。本品对大多数转性厌氧菌具有较强的作用,对需氧菌或兼性厌氧菌则无效。

地美硝唑为类白色至微黄色粉末;无臭。遇光色渐变深,遇热升华。本品在氯仿中易溶,在乙醇中溶解,在水或乙醇中微溶。本品具有广谱抗菌和抗原虫作用。

本类药物临床毒副作用少见,一般都较轻微,且具自限性。可有恶心、呕吐、厌食、腹泻、金属味等胃肠道不适症。部分患者因代谢产物可致深色尿。个别可见头晕等神经系统障碍。罕见过敏反应,如皮疹、瘙痒、荨麻疹、血管神经性水肿和暂时性白细胞减少等,静脉滴注部位偶见血栓性静脉炎,另外有过敏反应、过敏性休克、血压升高及血细胞减少等毒副作用。体内外实验证实,硝基咪唑类药物有遗传毒性,致畸和可疑致癌作用。

2. 最高残留限量

20 世纪 80 年代末以来,美国 FDA 已开始禁止硝基咪唑类药物用于食用动物的治疗,欧盟理事会96/23/EC及2377/EC指令、中国农业部《农牧发[2002]1号文件〈食品动物禁用的兽药及其他化合物清单〉》将硝基咪唑类药物列入A类禁用药和在活体动物和动物产品中不得检出该类物质。日本肯定列表中规定该类药物在动物源性食品中残留限量为0.001 mg/kg。

中华人民共和国农业部第235号公告规定地美硝唑(标志残留物为地美硝唑)和甲硝唑(标志残留物为甲硝唑)允许用于治疗作用,但不得在动物性食品中检出。

3.应用硝基咪唑类药物注意事项

(1)甲硝唑剂量过大时,可以出现震颤、抽搐、共济失调、惊厥等神经系统紊乱症状,也可对啮齿类动物有致癌作用,对细胞有致突变作用,孕畜不宜使用。

(2)鸡对地美硝唑较为敏感,大剂量可引起平衡失调,肝肾功能损害。

4.制剂与用法

(1)甲硝唑片及甲硝唑注射液 主要用于外科手术后厌氧菌感染,肠道和全身的厌氧菌感染。本品易进入中枢神经系统,故为脑部厌氧菌感染的首选防治药物。内服:一次量(按甲硝唑计),每千克体重,犬25 mg,每日1~2次。静脉滴注:每千克体重,牛75 mg,马20 mg。每日1次,连用3日。混饮:每升水,禽500 mg,连用7日。外用:配成5%软膏涂敷,配成1%溶液冲洗尿道。

(2)地美硝唑预混剂 用于猪密螺旋体痢疾,畜禽肠道和全身的厌氧菌感染。内服:一次量(以地美硝唑计),每千克体重,牛60～100 mg。混饲:每1 000 kg饲料,猪200～500 g,禽80～500 g。连续用药,鸡不得超过10日。

(十一)酰胺醇类

酰胺醇类(amphenicols)又称氯霉素类抗生素,包括氯霉素、甲砜霉素和氟苯尼考等,属广谱抗生素。氯霉素系从委内瑞拉链球菌(streptomyces venezuelae)培养液中提取获得,是第一次可用人工全合成的抗生素。氟苯尼考为动物专用抗生素。

本类药物不可逆地结合于细菌核糖体 50S 亚基的受体部位,阻断肤酰基转移,抑制肽链延伸,干扰蛋白质合成,而产生抗菌作用。本类药物属快效广谱抑菌剂,对革兰氏阴性菌的作用较革兰氏阳性菌强,对肠杆菌尤其伤寒和副伤寒杆菌高度敏感。高浓度时对本品高度敏感的细菌可呈杀菌作用。

氯霉素能严重干扰动物造血功能,引起粒细胞及血小板生成减少,导致不可逆性再生障碍性贫血等。许多国家包括我国已禁用于食品动物。甲砜霉素、氟苯尼考等由于苯环结构上的对位硝基被甲磺酸基取代,这种毒副作用几近消失,但却存在剂量相关的可逆性骨髓造血功能抑制作用。

细菌对本类药物能缓慢产生耐药性,主要是诱导产生乙酰转移酶,通过质粒传递而获得,某些细菌也能改变细菌细胞膜的通透性,使药物难于进入菌体。甲砜霉素和氟苯尼考之间存在完全交叉耐药。

1. 甲砜霉素 Thiphenicol

【药理】药效学具有广谱抗菌作用,但对革兰氏阴性菌的作用较革兰氏阳性菌强,对多数肠杆菌科细菌,包括伤寒杆菌、副伤寒杆菌、大肠杆菌、沙门氏菌高度敏感,对其敏感的革兰氏阴性菌还有巴氏杆菌、布鲁氏菌等。敏感的革兰氏阳性菌有炭疽杆菌、链球菌、棒状杆菌、肺炎球菌、葡萄球菌等。衣原体、钩端螺旋体、立克次体也对本品敏感。对厌氧菌如破伤风梭菌、放线菌等也有相当作用。但结核杆菌、铜绿假单胞菌、真菌对其不敏感。本品对某些细菌的作用较氯霉素稍弱。主要用于幼畜副伤寒、白痢、肺炎及家畜的肠道感染,禽大肠杆菌病、菌性感染,也用于防治鱼类由嗜水气单孢菌等细菌引起的败血症、肠炎沙门氏菌病、呼吸道细、赤皮病等多种细菌性疾病,以及用于河蟹、鳖、虾、蛙等特种水生生物的细菌性疾病。

【不良反应】

①本品有血液系统毒性,虽然不会引起不可逆的骨髓再生障碍性贫血,但其引起的可逆性红细胞生成抑制却比氯霉素更常见。②本品有较强的免疫抑制作用,约比氯霉素强 6 倍。③长期内服可引起消化机能紊乱,出现维生素缺乏或二重感染症状。④有胚胎毒性,妊娠期及哺乳期家畜慎用。

2. 氟苯尼考

【药理】药效学本品抗菌谱与抗菌活性略优于甲砜霉素,对多种革兰氏阳性菌、革兰氏阴性菌及支原体等有较强的抗菌活性。溶血性巴氏杆菌、多杀巴氏杆菌、猪胸膜肺炎放线杆菌对本品高度敏感,对链球菌、耐甲砜霉素的痢疾志贺氏菌、伤寒沙门氏菌、克雷伯氏菌、大肠杆菌及耐氨节西林流感嗜血杆菌均敏感。细菌对氟苯尼考可产生获得性耐药,并与甲砜霉素表现交叉耐药,但由于乙酰转移酶的灭活作用,对氯霉素耐药的细菌,本品对其仍然敏感。

主要用于牛、猪、鸡及鱼的细菌性疾病,如巴氏杆菌、嗜血杆菌引起的牛呼吸道疾病、牛感染性角膜结膜炎、猪放线菌性胸膜肺炎、鱼疖病等。还可用于治疗各种病原菌引起的奶牛乳腺炎。

【不良反应】参见甲砜霉素。

3. 制剂与用法

甲砜霉素片

【用法与用量】内服:一次量,每千克体重,畜、禽 5～10 mg。一日 2 次,连用 2～3 日。

甲砜霉素粉

【用法与用量】以甲砜霉素计。内服：一次量，每千克体重，畜、禽5～10 mg。

氟苯尼考粉

【用法与用量】以氟苯尼考计。内服；每千克体重，猪、鸡20～30 mg。一日2次，连用3～5日。

氟苯尼考预混剂

【用法与用量】以本品计。混饲：每1 000 kg饲料，猪1 000～2 000 g。连用7日。

氟苯尼考溶液

【用法与用量】以氟苯尼考计。混饮：每升水，鸡100 mg。连用3～5日。

氟苯尼考注射液

【用法与用量】肌内注射：一次量，每千克体重，猪、鸡15～20 mg。每隔48 h一次，连用2次。

(十二)其他抗菌药

1.泰妙菌素

泰妙菌素(tiamulin)属于双萜类畜禽专用抗生素，是截短侧耳素的衍生物，化学结构与沃尼妙林相似。

(1)泰妙菌素的理化性质及危害　本品的延胡索酸盐为白色或类白色结晶粉末，无臭，无味，在甲醇或乙醇中易溶，在水中溶解，在丙酮中略溶。泰妙菌素抗菌谱与大环内酯类抗生素相似，对支原体的作用强于大环内酯类抗生素，对革兰氏阴性菌尤其是肠道菌作用较弱。本品用于马可干扰大肠菌丛和导致结肠炎，过量用于猪可引起短暂流涎、呕吐和中枢神经抑制。

(2)我国泰妙菌素最高残留限量　见表2-11。

表 2-11　我国动物性食品中泰妙菌素的最高残留限量

药物名	标志残留物	动物种类	靶组织	残留限量/(μg/kg)
泰妙菌素 tiamulin ADI:0~30	tiamulin＋8-α-Hydroxymutilin (8-α-羟基泰妙菌素) 总量	猪/兔	肌肉 肝	100 500
		鸡	肌肉 皮+脂 肝 蛋	100 100 1 000 1 000
		火鸡	肌肉 皮+脂 肝	100 100 300

（3）应用泰妙菌素注意事项

①配伍禁忌：本品禁与聚醚类离子载体抗生素合用，因泰妙菌素能影响该类抗生素的代谢，合用时易导致中毒，引起鸡生长迟缓、运动失调、麻痹瘫痪，甚至死亡。

②本品禁用于马。

③产蛋鸡禁用。

④本品与能结合细菌核糖体 50S 亚基的抗生素（林可霉素、红霉素及泰乐菌素等）合用时有拮抗作用。

（4）制剂与用法　延胡索酸泰妙菌素可溶性粉，延胡索酸泰妙菌素预混剂。混饮，每升水，猪 45～60 mg，连用 5 日。鸡 125～250 mg，连用 3 日。混饲：每 1 000 kg 饲料，猪 40～100 g，连用 5～10 日。

2. 沃尼妙林

沃尼妙林（valnemulin）是由二萜烯类抗生素半合成的畜禽专用抗生素，属于截短侧耳素衍生物，临床用于治疗猪痢疾、回肠炎、结肠炎及肺炎。沃尼妙林作用略强于泰妙菌素，主要用于防治由支原体等引起的畜禽呼吸道疾病。

（1）沃尼妙林理化性质及危害　沃尼妙林是白色结晶粉末，极微溶于水,溶于甲醇、乙醇、丙酮、氯仿。兽药常用其盐酸盐,为白色或淡黄色的非结晶粉末,有吸湿性;易溶于水和无水乙醇,不溶于叔丁基甲醚,pH 为 3.0～6.0。本品用于猪可导致的毒副作用表现为嗜睡抑郁,食欲减退,有红斑,皮肤水肿,发热,共济失调并偶见死亡。沃尼妙林有微弱的急性口服毒性,长期服用本品会有肝脏损伤等慢性毒性作用,尚无证据充分证明其有繁殖毒性、致癌、致畸和致突变性。

(2)最高残留限量　我国农业部尚未对沃尼妙林做出详细的残留限量要求,可参照同类药物泰妙菌素的相关规定。

(3)应用沃尼妙林注意事项

①配伍禁忌:聚醚类离子载体类药物。

②禁用于兔,对兔毒性大。

③本品与能结合细菌核糖体 50S 亚基的抗生素(林可霉素、红霉素及泰乐菌素等)合用时有拮抗作用。

(4)制剂与用法　盐酸沃尼妙林。国外主要作为饲料预混剂用于防治由霉形体引起的鸡慢性呼吸道疾病和猪气喘病、呼吸道疾病综合征,此外用于治疗猪的增生性肠炎、痢疾等。推荐用量为预防 50 g/1 000 kg 饲料,治疗75 g/1 000 kg 饲料混饲。

二、驱虫药

(一)离子载体类药物

离子载体是一些能够极大提高膜对某些离子通透性的载体分子。大多数离子载体是细菌产生的抗生素,它们能够杀死某些微生物,其作用机制就是提高了靶细胞膜通透性,使得靶细胞无法维持细胞内离子的正常浓度梯度而死亡,所以离子载体并非是自然状态下存在于膜中的运输蛋白,而是人工用来研究膜运输蛋白的一个概念。根据改变离子通透性的机制不同,将离子载体分为两种类型:通道形成离子载体

(channel-forming ionophore)和离子运载的离子载体(ion-carrying ionophore)。这一类药物主要有莫能菌素、拉沙里菌素、盐霉素、那拉霉素、马杜拉霉素、海南霉素等。

1. 离子载体类药物理化性质及危害

(1)莫能菌素、盐霉素、马杜霉素 属于单羧基类离子载体抗生素,与单价阳离子亲和力大,拉沙洛菌素除了与单价阳离子结合,尚可与二价阳离子(Mg^{2+}、Ca^{2+})结合,通过对金属离子的特殊选择性,并与其结合形成络合物。携带离子的络合物进入球虫子孢子或第一代裂殖体,干扰细胞膜内 K^+ 及 Na^+ 的正常转运,细胞内 K^+ 及 Na^+ 水平急剧升高,为平衡渗透压,大量水分子进入球虫细胞引起肿胀。为排除细胞内多余的 K^+ 及 Na^+,球虫细胞耗尽了能量,最后球虫细胞因耗尽能量且过度肿胀死亡。因而聚醚类抗生素也称离子载体型抗球虫药。

(2)聚醚类抗生素 因其分子中有很多环醚结构而得名,多数是四连环或者五连环,不含氮、磷和硫,主要是碳氢氧化合物。这类抗生素含有多个醚基和 1 个一元有机酸基,在溶液中由氢链连接可形成特殊构型,其中心有并列的氧原子而带负电,可以捕获阳离子,外部由烃类组成,具有中性或疏水性。这种构型的分子能与生理上重要的阳离子如 Na^+、K^+、Ca^{2+} 等结合成为脂溶性而通过生物膜,进而发挥其药理作用。

(3)莫能霉素 别名有牧宁霉素、莫能黑、欲可胖等,1971 年开始投放市场使用,推荐使用浓度为 90～110 g/t,严禁与泰妙霉素和竹桃霉素并用,产蛋鸡禁用。莫能菌素属单价聚醚离子载体抗生素,是聚醚类抗生素的代表性药物,广泛用作鸡球虫药而用于世界各国,此外,还制成一种瘤胃素的商品制剂,可促进肉牛生长率。莫能菌素对球虫的细胞外子孢子、裂殖子以及细胞内的子孢子均有抑杀作用,甚至有人还认为对球虫的配子生殖期也有影响。莫能菌素对产气荚膜芽孢梭菌有抑杀作用,可防止坏死性肠炎发生。此外,对肉牛有促生长效应。

（4）盐霉素　别名有优素精、球虫粉、沙利霉素,1983 年问世,美国 FDA 批准盐霉素的推荐使用剂量为 44～46 g/t,对堆型艾美耳球虫效果较好,但对柔嫩、巨型和布氏艾美耳球虫效果一般,安全范围较窄,在国外通常与硝酚胂酸联合使用。甲基盐霉素即盐霉素,但多一个甲基基团的化学结构,故称甲基盐霉素。属单价聚醚离子载体抗生素。甲基盐霉素的抗球虫效应,大致与盐霉素相同。甲基盐霉素抗球虫作用及机理可参考盐霉素。对肉鸡的堆型、布氏、巨型、毒害艾美耳球虫的预防效果有明显差异,通常 40 mg/kg 药料浓度,即对堆型、巨型艾美耳球虫产生良好效果。毒害艾美耳球虫需用 60 mg/kg 药料浓度才能有效;而布氏艾美耳球虫必须用 80 mg/kg 药料浓度才能发挥药效。

（5）那拉霉素　又称甲基盐霉素、那拉星,1988 年问世,与盐霉素和莫能霉素的功效相近,推荐剂量为 50～80 g/t。那拉霉素与尼卡巴嗪联合使用具有协同作用,是国际市场上的注册复方抗球虫药。

（6）拉沙洛　商品名球安,是唯一的一种双价离子载体类药物,1976 年问世,推荐剂量为 68～113 g/t,对柔嫩艾美耳球虫效果较好。拉沙洛菌素钠亦为广谱高效抗球虫药,除对堆型艾美耳球虫作用稍差外,对鸡柔嫩、毒害、巨型、和缓等艾美耳球虫的抗球虫效应,甚至超过莫能菌素和盐霉素。据人工接种球虫试验表明,75～110 mg/kg 饲料浓度,除对肠道病变作用较 125 mg/kg 饲料浓度稍差外,其增重率及饲料报酬均明显优于后者。此外拉沙洛菌素对水禽、火鸡球虫病也有明显效果。拉沙洛菌素另一优点是可以与包括泰牧菌素在内的其他促生长剂并用,而且其增重效应 优于单独用药。

（7）马杜拉　商品名为加福,国产名为抗球王,1985 年研制成功,推荐剂量为 5 g/t,安全范围极窄,剂量超过 6 g/t 或长期使用会对生长造成影响,鸡群会有啄毛现象,超过 7 g/t 以上就会引起中毒。抗球虫效果在离子载体抗生素类抗球虫药中最好,也是目前市场占有率较大的一种抗生素类抗球虫药。

（8）海南霉素　是我国自行研制的第一个具有自主知识产权的防

治鸡球虫病专用药物,也是迄今为止我国唯一批准上市的属一类新兽药的抗球虫药,于 1994 年正式列入我国的饲料添加剂允许使用品种目录。

2. 最高残留限量

我国动物性食品中离子载体类抗生素的最高残留限量见表 2-12。

表 2-12 我国动物性食品中离子载体类抗生素的最高残留限量

抗生素	最高残留限量/(mg/kg)					
	牛	羊	猪	家禽	鱼	其他
莫能霉素	110(肌肉)	110(肌肉)	110(肌肉)	110(肌肉)(产蛋期禁用)	110(肌肉＋皮)	110(肌肉)
盐霉素	46(肌肉)	46(肌肉)	46(肌肉)	46(肌肉)	46(皮＋脂)	
那拉霉素	80(肌肉)	80(肌肉)	80(肌肉)	80(肌肉)		
拉沙洛	113(肌肉)	113(肌肉)	113(肌肉)	113(肌肉)		
马杜拉	6(肌肉)	6(肌肉)	6(肌肉)	6(肌肉)		

3. 应用离子载体类注意事项

(1)不宜使用剂量过大。易中毒且不易察觉检测。

(2)药物在饲料中混合必须均匀。与单个机体摄入量有关。

(3)不宜应用于非靶动物或与其他药物联合应用。会产生中毒。

(4)不宜将莫能菌素、盐霉素、甲基盐霉素与泰妙菌素混用,有配伍禁忌。

(5)不宜长期接触。动物长期接触毒性剂量的聚醚类离子载体抗素,机体组织细胞会出现不可逆的损伤。

(6)对于离子载体抗生素中毒尚无特效解毒药,应以预防为主。给动物饮用 3%～5%的葡萄糖溶液及电解质(如 0.1%的肾解毒药),并添加 0.01%～0.02%的维生素 C,对缓解症状、减少应激有积极作用。

4. 制剂与用法

(1)莫能菌素片(粉) 混饲,每 1 000 kg 饲料,禽 100～120 g 仔火

鸡 54～90 g 鹌鹑 73 g 肉牛、羔羊 5～30 g。①莫能菌素通常不宜与其他抗球虫药并用,因并用后常使毒性增强。②因为泰牧菌素能明显影响莫能菌素的代谢,导致雏鸡体重减轻,甚至中毒死亡,因此在应用泰牧菌素前、后 7 日内,不能用莫能菌素。

(2)甲基盐霉素片(粉)　混饲,每 1 000 kg 饲料,肉鸡 60～80 g。①国外有甲基盐霉素(8%)与尼卡巴嗪(8%)复方预混剂,虽能降低药量,维持有效的抗球虫效应,但亦提高热应激时肉鸡的死亡率。②禁与泰牧菌素并用,否则会使毒性增强。

(3)拉沙洛菌素钠片(粉)　混饲,每 1 000 kg 饲料,禽 75～125 g,犊牛 32.5 g,羔羊 100 g。①本品虽较莫能菌素、盐霉素安全,但马族动物仍极敏感,而应避免接触。②应根据球虫感染严重程度和疗效而及时调整用药浓度。③75 mg/kg 药料浓度即能使宿主对球虫的免疫力产生严重抑制,贸然停药常暴发更严重的球虫病。④高剂量对潮湿鸡舍雏鸡,能增加热应激反应,而使死亡率增高。⑤休药期,禽 3 日。

(二)有机磷酸类药物

用作驱虫的低毒有机磷化合物主要有敌百虫、敌敌畏、哈洛克酮、哈罗松、萘肽磷、库马磷、蝇毒磷等,其中以敌百虫在猪场的应用最广。我国应用较多的有机磷酸类驱虫药是敌百虫(猪的肠道线虫)和哈洛克酮(牛羊的肠道线虫)。

1.有机磷酸类药物理化性质及危害

(1)敌百虫　敌百虫驱虫广谱,能与虫体内胆碱酯酶结合导致乙酰胆碱蓄积,从而使虫体肌肉先兴奋、痉挛,后麻痹直至死亡。使用效果:敌百虫按 80～100 mg/kg 体重口服用药,对猪蛔虫、毛首线虫和食道口线虫均有较好的驱除作用;敌百虫按 1% 浓度对猪的体表喷洒用药,对猪疥螨有一定的杀灭作用,但效果不够彻底;敌百虫对猪球虫等原虫类寄生虫无效。

①性质不稳定,宜新鲜配制。遇碱性水溶液,可变成敌敌畏,增加毒性。

②本品驱虫范围广泛,既可杀灭畜禽体外寄生虫,又能对体内寄生虫有效。

③气雾剂可治疗羊鼻蝇蛆,溶液可用于牛皮蝇蛆病、马鼻蝇病。内服用于猪的肠道线虫。

④作用机理:与虫体内胆碱酯酶相结合,使之失去水解乙酰胆碱的作用而导致虫体内乙酰胆碱蓄积,引起虫体兴奋、痉挛、麻痹而死亡。

⑤阿托品是有效的解毒剂,严重时,与胆碱酯酶复活剂合并应用。

(2)敌敌畏又名 DDVP   剧毒品,学名 O,O-二甲基-O-(2,2-二氯乙烯基)磷酸酯,有机磷杀虫剂的一种 $C_4H_7Cl_2O_4P$。一种有机磷杀虫剂,工业产品均为无色至浅棕色液体,纯品沸点 74℃(在 133.322 Pa 下)挥发性大,室温下在水中溶解度 1%,煤油中溶解度 2%~3%,能溶于有机溶剂,易水解,遇碱分解更快。毒性大,急性毒性 LD50 值:对大白鼠经口为 56~80 mg/kg,经皮为 75~210 mg/kg。对咀嚼口器和刺吸口器的害虫均有效。

(3)甲胺磷(methamidophos)   一种有机磷化合物,通常用于农药,剧毒,在台湾的商品名为达马松、打虫药在中国大陆的商品名为多灭灵。由于毒性强,在日本等部分国家已禁用,中国大陆从 2008 年起亦公告停止生产及使用。甲胺磷为白色针状结晶。熔点为 44.5℃,蒸汽压为 0.4 Pa(30℃)。易溶于水;醇,较易溶于氯仿,苯,醚,在甲苯;二甲苯中的溶解度不超过 10%。在弱酸、弱碱介质中水解不快,在强碱性溶液中易水解。在 100℃ 以上,随温度升高而加快分解,150℃ 以上全部分解。甲胺磷是一种高效有机磷杀剂,打虫范围广。

(4)哈洛克酮(haloxon)   又称海罗松,适口性好,可加拌于饲料混饲。为反刍动物最安全的有机磷酸酯驱虫药。可用于驱除牛、羊皱胃和小肠寄生线虫。马、猪、鸡等的中毒剂量与治疗剂量非常接近,鹅对该药非常敏感,故不宜应用。

2.最高残留限量

我国动物性食品中有机磷酸酯类的最高残留限量见表2-13。

表 2-13 我国动物性食品中有机磷酸酯类的最高残留限量

抗生素	最高残留限量/(mg/kg)					
	牛	羊	猪	家禽	鱼	其他
敌百虫	100(口服)	100(口服)	100(口服)	100(口服)	100(口服)	100(口服)
敌敌畏	50(口服)	50(口服)	50(口服)	50(口服)	50(口服)	大白鼠 80(口服)
甲胺磷	80(肌肉)	80(肌肉)	80(肌肉)	80(肌肉)		

3.应用有机磷酸酯类注意事项

（1）敌百虫使用注意事项 ①因毒性大,不要随意加大剂量;②其水溶液应现配现用,禁止与碱性药物或碱性水质配合使用;③用药前后,禁用胆碱酯酶抑制药（如新斯的明、毒扁豆碱）、有机磷杀虫剂及肌松药（如琥珀胆碱）,否则毒性大大增强;④怀孕母猪及胃肠炎患猪禁用;⑤休药期不得少于 7 日。

（2）有机磷酸酯类的中毒机制、中毒症状和解救方法 ①毒物吸收:a.呼吸道:烟、雾、蒸汽、气体、一氧化碳等;b.消化道:各种毒物经口食入;c.皮肤黏膜:苯胺、硝基苯、四乙铅、有机磷农药等。②毒物代谢:大多数毒物进入体内经肝脏代谢转化后毒性减弱或消失,并由肾脏排泄,一些毒物亦可为原形经肾脏排泄。少数毒物可由皮肤汗腺、乳腺、泪液、呼吸道、胆道或肠道排泄。各毒物间的排泄速度差异很大,主要取决于毒物本身特性和患者肾脏功能,毒物排泄时间最长可达数周甚至数月。毒物代谢动力学中的毒药物体内分布特点对指导中毒治疗具有重要意义。治疗中的促进毒物排泄方法对于中毒早期毒物大部分积聚于血流中的病人效果较好,当毒物的分布在体内达到平衡时,大多数毒物仅有 5% 左右存于血液中,此时仅采用排泄治疗效果较差。此外毒物脂溶性高或血浆蛋白结合率高,中毒时毒物剂量较大,休克等因素亦会导致毒物排泄速度减慢。③消除毒物：发现中毒时，应立即把患者移出现场。对由皮肤吸收者，应用温水和肥皂清洗皮肤。经口中毒者，应首先抽出胃液和毒物，并用微温的 2% 碳酸氢钠溶液或 1% 盐水反复洗胃，直至洗出液中无农药味，然后给予硫酸镁导泻。敌百虫口服中毒时不用碱性溶液洗胃，因其在碱性溶液中可转化为毒性更强的敌敌畏。眼部染毒，可用 2% 碳酸氢钠溶液或 0.9% 盐水冲洗数分钟。

(3)解毒药物　①阿托品：为治疗急性有机磷酸酯类中毒的特异性、高效能解毒药物。能迅速对抗体内 AChE 的毒蕈碱样作用。由于阿托品对中枢的烟碱受体无明显作用，故对有机磷酸酯类中毒引起的中枢症状，如惊厥、躁动不安等对抗作用较差。应尽量早期给药，并根据中毒情况采用较大剂量，直至 M 胆碱受体兴奋症状消失或出现阿托品轻度中毒症状（阿托品化）。对中度或重度中毒病人，必须采用阿托品与 AChE 复活药合并应用的治疗措施。②AChE 复活药：AChE 复活药是一类能使被有机磷酸酯类抑制的 AChE 恢复活性的药物。常用药物有碘解磷定、氯解磷定和双复磷。

4.制剂与用法

(1)敌百虫喷雾　敌百虫按 1% 浓度对猪的体表喷洒用药，对猪疥螨有一定杀灭作用。

(2)敌百虫剂　敌百虫按 $80 \sim 100$ mg/kg 体重口服用药，对猪蛔虫、毛首线虫和食道口线虫均有较好的驱除作用。

(3)甲胺磷剂　是一种高效有机磷杀虫剂，打虫范围广。

(三)咪唑类药物

咪唑类(imidazoles)为合成的抗真菌药。作用机制为抑制真菌细胞膜麦角固醇的生物合成。抗菌作用与两性霉素相似，它能选择性地抑制真菌细胞色素 P-450 依赖性的 $14\text{-}\alpha\text{-}$去甲基酶，使 $14\text{-}\alpha\text{-}$甲基固醇蓄积，细胞膜麦角固醇不能合成，使细胞膜通透性改变，导致胞内重要物质丢失而使真菌死亡。本类药物在肝脏代谢,主要经胆汁排出,在肾功能不全时不需改变剂量。主要毒性为贫血、胃肠道反应、皮疹等。

1.咪唑类药物分类

(1)克霉唑(clotrimazole)　对大多数真菌具有抗菌作用,对深部真菌作用不及两性霉素 B。口服吸收差,一次服 3 g 的血药峰浓度仅1.29 mg/L,$t1/2$ 为 3.5～5.5 h。连续给药由于肝药酶诱导作用可使血药浓度降低。不良反应多见,目前仅局部用于治疗浅部真菌病或皮肤黏膜的念珠菌感染。

(2)咪康唑(miconazole)　抗菌谱和抗菌力与克霉唑基本相同。口服吸收差,生物利用度 25％～30％,且不易透过血脑屏障,$t1/2$ 约24 h。静脉给药用于治疗多种深部真菌病。在两性霉素 B 不能耐受时,作为替代药。局部用药治疗皮肤黏膜真菌感染,疗效优于克霉唑和制霉菌素。静脉给药可致血栓静脉炎,此外,还有恶心、呕吐、过敏反应等。临床应用的具体剂量应随病原真菌而异。

(3)酮康唑(ketoconazole)　广谱抗真菌药。对念珠菌和表浅癣菌有强大抗菌力。口服易吸收,血浆蛋白结合率达80％以上,不易透过血脑屏障,血浆 $t1/2$ 为 7～8 h。口服治疗多种浅部真菌病的疗效至少相当于或优于灰黄霉素、两性霉素 B 和咪康唑。酮康唑在酸性溶液中溶解吸收,因此不能与抗酸药、胆碱受体阻断药及 H2 受体阻断药同服,必要时至少相隔 2 h。老年人胃酸缺乏,应将药片溶于 4 mL 的稀盐酸中服下。不良反应有胃肠道反应,血清转氨酶升同,偶有严重肝毒性及过敏反应等。

(4)氟康唑(fluconazole)　广谱抗真菌药,抗菌谱与酮康唑相近似,体外抗真菌作用不及酮康唑,但其体内抗真菌作用比酮康唑强10～20 倍。口服吸收后,生物利用度达90％,口服 150 mg 于 1.5～2.0 h 达峰浓度 3.8 mg/L,蛋白结合率低,体内分布广,可渗入脑脊液,体内代谢甚少,约 63％以原形由尿排出,血浆 $t1/2$ 约 30 h。本品可供口服及注射用。主要用于念珠菌病与隐球菌病。不良反应在本类药中最低，有轻度消化系统反应,过敏反应,头痛、头晕、失眠。

2.咪唑类抗真菌药物的临床应用及注意事项

(1)真菌 对于健康人体而言通常是条件致病菌,但是当机体抵抗力降低、外部因素不良时,就有可能造成全身或局部真菌感染。近年来临床真菌感染病例有逐年增多的趋势,这可能与下列各种因素有一定的关系:

①基础病比较严重使得患者长时间住院,或者合并疾病较多,机体免疫功能降低易发生真菌感染;

②滥用广谱抗生素,使用剂量偏大、时间过长、种类过多等,破坏了体内的微生态平衡,使得本不致病的真菌变为优势菌,诱发了真菌感染;

③不适当的应用糖皮质激素,抑制了机体免疫力,破坏了机体防卫系统,促进霉菌生长,造成医源性真菌感染;

④免疫功能低下患者,如艾滋病患者,自身免疫功能因种种原因降低或丧失,对真菌失去了抵御功能。

自从人类40多年前开始使用第一个抗真菌药两性霉素 B 以来,人们在预防和治疗真菌感染方面已取得极大进展,虽然抗真菌药物的研制与开发的速度不如其他抗感染药物发展的迅速,但科学家们已经开始高度重视开发研制新型广谱、高效、低毒的抗真菌药物。近年来在临床上用于治疗真菌感染的药物主要有多烯类、氨基甲酸酯类和咪唑类三大类。本文仅就咪唑类药物的临床使用时应注意的几个问题作一简要综述,旨在提醒医务工作者合理应用抗真菌药物。

(2)咪唑类抗真菌药物 目前临床上最常用的一类治疗真菌感染的药物,临床应用最广泛。从其化学结构上可以看出,在其1位取代咪唑部分为该类药物抗真菌活性所必需,并由此可以演变出各种不同类型的咪唑及三唑类抗真菌药物。咪唑类抗真菌类药物最大的特点是使用方便、疗效肯定、不良反应相对比较轻。咪唑类抗真菌药物在体内代谢稳定吸收良好,因此既可口服又可注射,对浅部真菌和深部真菌都有疗效。

3.几种抗真菌药与其他药物相互作用情况及其处理方法

(1)酮康唑、伊曲康唑或氟康唑与利福平合用　由于利福平的酶诱导作用和咪唑类抗真菌药降低胃肠道吸收等综合因素,可使唑类药物的抗真菌感染血浓度作用均下降,特别是氟康唑的血浆浓度下降可低于酮康唑及伊曲康唑,同时也可使利福平的抗感染作用下降。临床最常用的处理方法是间隔服用利福平及咪唑类抗真菌药。若能监测咪唑类抗真菌药的血浆浓度则应尽可能地按实际情况调整咪唑类药物的剂量,如氟康唑与利福平合用时可间隔 12 h。与环孢素合用,因咪唑类药物有增加环孢素循环量的危险,故应密切监测肾功能,监测环孢素的血药浓度及血循环量,并注意调整剂量。

(2)酮康唑　虽然目前临床应用逐步减少,但与乙醇合用或饮用烈性酒时,患者可出现面红、呕吐、发热、心动过速等双硫仑样作用,故应避免同时服用含乙醇的饮料和药物。与胃动力药西沙必利合用时,有增强室性心律失常的危险,特别是尖端扭转危险,故应禁止合用。与特非那定、阿司咪唑合用,因其可降低抗组胺药的肝脏代谢,也有增强室性心律失常的危险,特别是出现尖端扭转,故也应禁止合用。与氢氧化镁、氢氧化钙、氢氧化铝等合用,因可增高胃内 pH 降低酮康唑的吸收率,故应间隔 2 h 以上分开服用。与异烟肼合用时,异烟肼可降低酮康唑的血浆浓度,故应至少间隔 2 h 服用,并应监测酮康唑的血浆浓度,以保障疗效。与三唑仑、咪达唑仑合用,由于酮康唑可抑制其肝脏代谢,而使唑仑类药物血药浓度升高,应加强临床监护并降低其剂量;因为三唑仑的血药浓度升高更为明显,可增强其镇静作用,故应禁止与三唑仑合用。

(3)伊曲康唑　与地高辛合用时,伊曲康唑可使地高辛排泄降低因而增加地高辛的血药浓度,引起患者恶心、呕吐、心律紊乱等,故应加强临床监护,必要时应监测心电图及地高辛血浓度并适当调整地高辛的剂量。与抗癫痫药卡马西平、苯巴比妥钠、苯妥英钠、扑米酮等合用时,上述药物可降低伊曲康唑的血药浓度及疗效,故应临床监护,必要时测伊曲康唑的血药浓度并尽可能地调整其剂量。与三唑仑、咪达唑仑合用,可因抑制其肝脏代谢,升高苯二氮卓类的药物血药浓度而明显增强其镇静作用,故对咪达唑仑不宜合用,对三唑仑应禁止合用。与西沙必利合用时,可增加室性心律失常尤其是尖端扭转的危险,应禁止合用。与华法林合用可降低肝脏对华法林的代谢,而增加华法林口服抗凝药的作用及出血危险,故应经常检测凝血因子Ⅱ含量及国际标准化比例。在用伊曲康唑期间或服用后均应调整其剂量。若与特非那定、阿司咪唑合用,则可降低抗组胺药的肝脏代谢而增加室性心律失常的危险,特别是尖端扭转,所以应禁止合用。

(4)氟康唑 氟康唑可抑制苯妥英钠的肝脏代谢并使苯妥英钠的血药浓度升高至中毒值,故应密切监测苯妥英钠的血药浓度并在用氟康唑期间或停用后适当调整其剂量。氟康唑也可抑制华法林的肝脏代谢,降低华法林的抗凝作用,增加出血危险,如需合用则应经常检测凝血因子Ⅱ含量及国际标准化比例;在服用氟康唑期间及停用 1 周之后,应适当调整华法林剂量。氟康唑与茶碱及氨茶碱等合用时,由于氟康唑可降低其清除率,故可升高其血浓度而出现过量的危险,故应加强监护并尽可能监测其浓度,在应用氟康唑期间及停用后,应调整其剂量。氟康唑与磺脲类降糖药合用,可使后者半衰期延长而发生低血糖,故应注意患者有出现低血糖的危险,加强血糖的自我监测,并在应用氟康唑期间调整磺脲类降糖药的剂量。

4. 制剂与用法

盐酸左旋咪唑片

【用法与用量】内服:一次量,每千克体重,牛、羊、猪 7.5 mg;犬、猫 10 mg;禽 25 mg。

盐酸左旋咪唑注射液

【用法与用量】皮下、肌内注射，一次量，每千克体重，牛、羊、猪 7.5 mg；犬、猫 10 mg；禽 25 mg。

磷酸左旋咪唑片

【用法与用量】内服：一次量，每千克体重，牛、羊、猪 8 mg；禽 25 mg。

磷酸左旋咪唑注射液

【用法与用量】肌内或皮下注射：一次量，每千克体重，家畜 8 mg。

盐酸噻咪唑片

【用法与用量】常用量内服：一次量，每千克体重，牛、羊、猪 10～15 mg；鸡 20～40 mg。极量内服：一次量，牛 4.5 g。

盐酸噻咪唑注射液

【用法与用量】肌内或皮下注射：一次量，每千克体重，猪、羊 10～12 mg；牛 8～10 mg。

(四)阿维菌素药物

阿维菌素，英文名称 avermectins，由链霉菌中灰色链霉菌(*streptomyces avermitilis*)发酵产生。为高效、广谱的抗生素类杀虫剂。由一组十六元大环内酯化合物组成，对螨类和昆虫具有胃毒和触杀作用。喷施叶表面可迅速分解消散，渗入植物薄壁组织内的活性成分可较长时间存在于组织中并具有传导作用，对害螨和植物组织内取食危害的昆虫有长残效性。主要用于家禽、家畜体内外寄生虫和农作物害虫。

1.阿维菌素的成分及其衍生物

1979 年日本北里大学(Kistasalo Univ)科学家大村智等和美国 Merck 公司合作，在日本静岗县伊东市川奈(Kawan)地区的土壤样品中分离到 1 株链霉菌 Streptomycesavermitilis Ma-8460(阿佛曼链霉菌)，其次生代谢产物为具有杀螨、杀虫、杀线虫活性的 16 元大环内酯类化合物。我国 20 世纪 80 年代由上海市农药研究所从广东揭阳土壤中分离筛选得到 7051 菌株,后经鉴定证明该菌株与 S. avermitilis Ma-8460 相似,与它的化学结构相同。阿维菌素是一种新型抗生素类药剂,结构新颖,具有农畜 2 用的特点。链霉菌天然的代谢产物中含有 8 个组分:主要的 4 种 A1a,A2a,B1a,B2a,总含量大于 80%;对应 4 个比例较小的同系物 A1b,A2b,B1b 和 B2b,总含量小于 20%,该组化合物统称为阿维菌素,对动物寄生虫及多种农业害虫有极强灭杀作用。其中实验证明阿维菌素 B1 的生物活性最高(其氢化产物-Ivermectin 具有更高的活性),尤其以 B1a 的活性最大,阿维菌素 B1 是阿维菌素农药中的主要组分。阿维菌素中 B1a 和 B1b 的区别在于起始物不同,异亮氨酸(Ile)形成 B1a 的 2-甲基丁酰基(C25-C8),颉氨酸(Val)则形成 B1b 的异丁酰基(C25-C27)。虽然阿维菌素的杀虫活性很高,但是存在不稳定因素。为了寻求更加稳定、高效、低毒和广谱的化合物,科学家们利用天然阿维菌素组分作为母体化合物进行了大量的结构改造,得到了不少具有高活性的衍生物,依维菌素(Ivermectin,IVM)、多拉菌素(Do-rametin)和埃玛菌素(Eprinomectin 又叫甲氨基阿维菌素苯甲酸盐)即为 3 个成功的商品例子,此后还有埃珀利诺菌素和色拉菌素也进入产业化生产。

2. 阿维菌素的作用机理

(1)阿维菌素防治谱十分广泛,具有杀虫、杀螨、杀线虫的作用,常用于农业害虫和牲畜寄生虫的防治上。对多种动物胃肠道线虫、动物肺线虫、牛皮蝇蛆、虱、螨以及蜱等有较好防治效果。据报道,目前在农业害虫防治上,阿维菌素防治谱包括节肢动物中的蜱螨目、鞘翅目、同翅目和鳞翅目等害虫、害螨至少有 84 种之多。

(2)阿维菌素通过胃毒和触杀作用(主要是胃毒作用)来达到目的,无熏蒸作用,内吸作用较小。当害虫咬食或虫体接触药剂后,可通过口腔、爪垫、足节窝和体壁等器官或部位进入体内,阻断无脊椎动物的神经传导系统,使害虫中央神经系统的信号不能被运动神经元接受,产生麻痹而造成死亡,从而杀死害虫。阿维菌素对害虫、害螨的药效虽不如有些神经毒剂那么快,但它能麻痹害虫,使之极少取食,达到使作物免遭虫害的目的。通常在施药后的 2～3 日,阿维菌素的杀虫效果达到最高峰,残效期 7～15 日;无杀卵作用,但对叶片有较好的穿透性,能渗入叶内,杀死潜藏在叶内的幼虫,并且抑制新生的幼虫潜入叶内;阿维菌素还能使接触叶片上药液的雌性成虫的食量和产卵量均下降,影响繁殖能力。阿维菌素是一种神经性毒剂,具有独特作用机制:作用于昆虫神经元突触或神经肌肉突触的 γ-氨基丁酸(GABA)系统,激发神经末梢放出神经传递抑制剂的 GABA,促使 GABA 门控的 C1-通道延长开放,大量 C1-涌入造成神经膜电位超极化,致使神经膜处于抑制状态,从而阻断神经冲动传导而使昆虫麻痹、拒食、死亡。阿维菌素对不同的生物体有不同的药理作用。如对神经系统中不含有 GABA 能分布的害虫,就不受阿维菌素的影响。此外,还有研究表明,阿维菌素系列物在果蝇头部的神经膜上有饱和的高亲和位点,在蝗虫的肌肉神经上有高亲和位点。据报道,除了 GABA 受体控制的氯化物通道外,阿维菌素还能影响其他配位体控制的氯化物通道,如 Ivermectins 可以诱导无GABA 能神经支配的蝗虫肌纤维膜的传导的不可逆增加。

(3)脊椎动物和昆虫的神经系统是有所不同的。两者间神经系统最主要的区别在于运动神经胆碱能的性质。在脊椎动物中,调节运动神经的化学介质是胆碱(包括乙酰胆碱和丁酰胆碱等),而在昆虫和其他非脊椎动物体内,运动神经是由 GABA 和谷氨酸盐来调节的。非脊椎动物具有一族谷氨酸门控的 C1-通道,而哺乳动物没有,所以阿维菌素对人类和牲畜安全。

3.阿维菌素的抗药性问题及复配应用

(1)随着阿维菌素的大范围的推广应用,国内外有大量关于阿维菌素的抗药性及抗药机制的报道。1980 年 Scott 等首先发现了抗菊酯类室内汰选家蝇品系(LPR)对阿维菌素有 7.6 倍的交互抗性,可能由多功能氧化酶(MFO)的代谢增强以及表皮穿透性降低引起,具高度隐遗传性。随后,人们发现小菜蛾、家蝇、马铃薯甲虫、德国蜚蠊、斑潜蝇等害虫对阿维菌素均产生了一定的抗药性,尤其以小菜蛾的抗药性最为严重。在室内对小菜蛾抗性汰选 13 代后,抗性指数可发展到选育前的93.55 倍的高抗水平。但是国内外的大量研究表明阿维菌素与许多传统药剂间无交互抗性。Parrella 认为阿维菌素与拟除虫菊酯杀虫剂间不存在交互抗性问题。Lasota 采用饲养法对小菜蛾的交互抗性进行测定,表明阿维菌素与阿维菌素苯甲酸盐、拟除虫菊酯类和灭多威间不存在交互抗性。张雪燕研究发现 Laba-R 抗性种群对乙酰甲胺磷、锐劲特、灭多威、敌敌畏不存在交互抗性。向延平对长沙地区小菜蛾交互抗性研究,证明了阿维菌素与乙酰甲胺磷、氰戊菊酯无交互抗性。这些研究为阿维菌素的复配提供了前提条件。

(2)大量研究还表明阿维菌素与有机磷、拟除虫菊酯类、氨基甲酸酯类及一些生物药剂有很好的增效作用。阿维菌素与乙酰甲胺磷复配以 1:92 时对小菜蛾的毒杀效果最优,CTC 可以达到 210.62,田间防效可以达 93.4%;阿维菌素和辛硫磷混用可以显著提高对小菜蛾的防治效果;阿维菌素与毒死蜱混用对棉铃虫、小菜蛾、甜菜夜蛾和菜青虫的防治效果明显优于单剂的防治效果;阿维菌素与丙溴磷复配剂,对甜菜夜蛾的防治效果明显;阿维菌素和有机磷中传统老品种复配,增效作用显著,使得老品种焕发青春。阿维菌素和拟除虫菊酯类的复配研究较多,两者复配效果显著。以美洲斑潜蝇为测试昆虫,分别对阿维菌素与氰戊菊酯、高效氯氰菊酯复配剂进行毒力测定,结果表明,增效倍数达 2 倍以上;阿维菌素和氰戊菊酯复配,对桃蚜的共毒系数达到297.84;通过对阿维菌素和高效氯氰菊酯混配,对菜青虫的毒力测定,共毒系数为 161.91,田间小区试验 1 日、3 日、7 日的调查显示对蚜虫的防治效果达到 85%以上,对菜青虫的防治效果达 100%,表现出良好的防治谱和防效;甲氰菊酯与阿维菌素混剂对美洲斑潜蝇的防治效果显著,而且两者混用能有效延缓对朱砂叶螨的抗性。此外,阿维菌素和氯氰菊酯等拟除虫菊酯混用也表现出良好的增效作用。氨基甲酸酯类化合物与阿维菌素混配对美洲斑潜蝇具有很好的增效作用,试验测定扑蚜威、速灭威、灭蚜威、间乙威等 9 个单剂及其与阿维菌素混剂对美洲斑潜蝇的防效,结果发现,当施用有效量 0.75 kg/hm² 时,氨基甲酸酯类单剂对美洲斑潜蝇的防效在 75%～92%,而扑灭威、速灭威、灭多威与阿维菌素混剂对该蝇的防效可达 85%～92%。表明氨基甲酸酯类化合物与阿维菌素混配对美洲斑潜蝇防效、速效性均较好,且成本显著降低。此外,韩丽娟将阿维菌素分别与高效氯氰菊酯、氯氰菊酯、毒死蜱、杀虫单、Bt 和啶虫脒复配防治田间小菜蛾、甜菜夜蛾和菜青虫,取得了理想效果,防效达 95% 以上,持效期达 10 日以上。也有研究人员将一些新型的药剂和阿维菌素复配进行研究,结果表明也具有良好的复配效应。如吡虫啉、锐劲特、苏云金杆菌和灭幼脲等一些药剂与阿维菌素复配都具有理想的效果。阿维菌素的复配不但能够提高药效降低成本,而且能够延缓有害生物的抗药性,为害虫的有效、合理和安全的治理提供了一条途径。

4.制剂与用法

伊维菌素注射液

【用法与用量】皮下注射:一次量,每千克体重,牛、羊 0.2 mg;猪 0.3 mg。

伊维菌素预混剂

【用法与用量】混饲:每 1 000 kg 饲料,猪 2 g(以伊维菌素计)。连用 7 日。

阿维菌素片

【用法与用量】内服:一次量,每千克体重,羊、猪 0.3 mg。

阿维菌素胶囊

【用法与用量】同阿维菌素片。

阿维菌素粉

【用法与用且】同阿维菌素片。

阿维菌素注射液

【用法与用量】皮下注射：一次量，每千克体重，羊 0.2 mg；猪 0.3 mg。

阿维菌素透皮溶液

【用法与用量】浇注或涂擦：一次量，每千克体重 0.1 mL，牛、猪由肩部向后、沿背中线浇注；犬、兔两耳耳背部内侧涂擦。

多拉菌素注射液

【用法与用量】皮内注射：一次量，每千克体重，牛 0.2 mg；猪 0.3 mg。

(五)脒类化合物

分子中含有脒基的一类化合物。另外，胍也可叫氨基甲脒或氨基脒，有些含胍基的化合物也可以脒命名。脒是氮取代的羧酸类似物，脒又称亚氨酰胺，即酰胺分子中。

1.脒类化合物理化性质及危害

(1)脒类化合物在农药、医药上有很广泛的用途。早在 1930 年，芳香二脒类化合物就已经被证实是一种治疗原虫疾病的有效药剂，并应用于临床。临床试验证明，芳香二脒类化合物对早期非洲锥形虫症和利什曼原虫症有一定的治疗作用。芳香二脒类化合物不仅具有抗原虫活性，而且表现出杀虫及抗细菌、真菌、病毒和肿瘤的活性。鉴于其良好的生物活性，芳香二脒类化合物一直是国外研究的热点。

(2)某些脒类化合物是一些具有生理活性的物质的片段，同时，它们在有机合成中还是重要的合成中间体。脒是非常重要的化合物，广泛应用于抗生素，利尿剂，消炎药，驱虫剂和广谱杀螨剂。对于氮杂环化合物的制备，脒也是有用的合成纤维。

（3）羰基氧原子被亚氨基取代的化合物。甲脒是最简单的脒,脒的亚氨基和氨基可以相互转化,形成互变异构体。脒类化合物在农药、医药上用途很广。作为有机合成的中间体,可用于合成氮杂环化合物。用环脒作催化剂可使聚碳酸乙烯或丙烯醇解,同时制备乙二醇和碳酸二乙酯。环脒用作环氧树脂和聚氨酯的固化剂,贮藏稳定,固化效果好。脒类化合物是重要的有机合成中间体和二元羧酸酯缩合后可得到氮杂环化合物。环脒和亚氨基二甲酸苯酯缩合,得到较高产率的三嗪衍生物。

2. 应用脒类驱虫药注意事项

使用时配成 0.05% 溶液,常用于猪体及畜舍地面和墙壁等处,此药停药期为 7 日。

3. 制剂与用法

双甲脒:为结晶性粉末,在水中几乎不溶解,所以多制成乳剂应用,如双甲脒乳油。外用时,可做喷洒、手洒、药浴等。

（六）抗生素类驱虫药

抗生素类驱虫药包括:越霉素 A、潮霉素 B、大环内酯类。

1. 抗生素类驱虫药物理化性质及危害

（1）越霉素 A　又名德畜霉素 A,商品名为得利肥素。它是日本明治制药株式会社 1965 年研制的,由放线菌产生,除对猪鸡具有良好的驱虫效果外,具有广谱抗菌作用,对于革兰氏阳性菌、阴性菌,特别是对植物的病原性霉菌有抗菌作用。越霉素 A 为白色粉末,易溶于水和低级醇,具有氨基糖苷类抗生素共有的高度稳定性,在密封、防潮、室温下保存极为稳定。其商品得利肥素含 2%越霉素 A,为淡黄色粉末。越霉素 A 的作用机理是使动物体内寄生虫的体壁、生殖器官壁、消化道壁变薄和脆弱,以使虫体运动性削弱被排出体外。另外,能阻碍雌性虫体子宫内卵的卵膜的形成,由此使虫卵不能成熟而变成异常卵,切断了虫体的循环周期,并且这些异常卵不会再重新感染畜禽。越霉素 A 连续使用时,寄生虫不会产生抗药性。它对猪蛔虫、猪鞭虫、猪类圆线虫、猪肠结节虫、鸡蛔虫、鸡盲肠和鸡毛细线等均有效。

(2)潮霉素 B 又名湿霉素乙,商品名为效高素。美国礼来公司1958 年研制,它由吸水链霉素产生,外观为微黄褐色无定形粉末,熔点160~180℃,弱碱性,易溶于水,甲醇和乙醇,易与许多有机酸和无机酸生成盐。潮霉素 B 的分子结构与越毒素 A 基本相同,对革兰氏阴性菌,某些阳性菌和某些放线菌都有抑制作用,还可以有效地杀灭猪体内的蛔虫、结节虫和鞭虫,对鸡体内的寄生虫同样有效。潮霉素 B 的作用也是阻止成虫排卵,破坏寄生虫生活周期,阻止成虫排卵,破坏寄生虫生活周期,阻止幼虫生长,使之不能成熟。另外,还保护肠壁不受寄生虫侵害,使之充分吸收营养,提高饲料报酬。它添加到饲料中没有特殊气味,吸收性差,对动物不产生"应激反应",是一种较安全的动物专用抗生素驱虫药。

大环内酯类:伊维菌素是一组化学结构相关的驱虫剂,而伊维菌素则是其中一员。伊维菌素为巨环内酯双糖抗生素。易溶于甲醇、三氯甲烷、四氯化碳等有机溶剂,微溶于水。

2.最高残留限量

(1)越霉素 A 是动物专用抗生素,不会与人用抗生素生交叉抗药性,对动物也无副作用或"应激反应"。它不被动物吸收,在肉中的残留积蓄几乎为零,因而属于安全性高的抗生素。

(2)潮霉素 B 在鸡饲料中每千克添加 22 mg 时,连用 42 日,未见中毒现象。

(3)伊维菌素口服后,大部分由粪便排泄,对马等反刍动物、犬和猪安全范围至少达 10 倍治疗量。

3.应用抗生素类驱虫药注意事项

由于越霉素 A 对皮肤和眼睛有刺激,所以运输和加工时应注意保护。

4. 制剂与用法

(1)越霉素 A　可以用于 4 个月以下的猪,肉鸡和产蛋期以前的母鸡,用量为 5～10 mg/kg 饲料,连续用药 8～10 周,并于屠宰前 3 日停药。越霉素 A 不会改变饲料的味道而影响适口性,可以与各种抗生素同时使用,有相互促进作用。目前越霉素 A 被日本、美国和欧洲共同体批准作为添加剂,我国目前已有厂家小批量生产。

(2)潮霉素 B　一般用于肉鸡,产蛋前的后备鸡和 50 kg 体重以下的猪,猪屠宰前 2 日停药,肉鸡屠宰前 3 日停药。一般用量 10～13.2 mg/kg 饲料,它可与其他抗生素联合使用。日本,美国和澳大利亚等国已批准作添加剂使用。

(3)大环内酯类　伊维菌素驱虫功效与虫体运动抑制有关,可使虫体肌肉不能收缩,造成虫体麻痹而被排出体外。

(4)伊维菌素的使用范围

①牛和绵羊:对许多虫体的驱虫效果达 97%～100%。

②马:对许多类病原性重要寄生虫驱虫率达到 95%～100%。

③猪:对猪体内一些线虫具有高效驱虫作用。

④禽:对普通禽胃肠线虫效果良好,对毛细线虫最佳,鸡蛔虫次之。

该类药物为粉剂,可拌入饲料中口服,剂量为:马、牛、绵羊 1 次用量为 0.2 mg/kg 体重;猪为 0.3 mg/kg 体重;犬为 0.006～0.012 mg/kg 体重。

三、消毒防腐药

消毒防腐药是杀灭病原微生物或抑制其生产繁殖的一类药物。消毒药是指能杀灭病原微生物的药物,主要用于环境、厩舍、动物排泄物、用具和器械等非生物体表面的消毒;防腐药是指能抑制病原微生物生长繁殖的药物,主要用于抑制局部皮肤、黏膜和创伤等生物体表的微生物感染,也用于食品及生物制品等的防腐。两者并无绝对的界限,低浓度消毒药只能抑菌,反之,有的防腐药高浓度时也能杀菌。

本类药物多按其化学结构和作用性质分类,可分为酚类、醛类、醇类、卤素类、季铵盐类(或表面活性剂)、氧化剂、酸类、碱类和染料类等。消毒防腐药在动物性食品中允许使用,但不需要制定残留限量。

(一)酚类

1. 酚类药物理化性质及危害

苯酚,为无色至微红色的针状结晶或结晶性块;有特臭;有引湿性;水溶液显弱酸性反应;遇光或在空气中色渐变深。在乙醇、三氯甲烷、乙醚、甘油、脂肪油或挥发油中易溶,在水中溶解,在液状石蜡中略溶。

甲酚,为煤焦油中分馏得到的各种甲酚异构体的混合物。几乎无色、淡紫红色或淡棕黄色的澄清液体;有类似苯酚的臭气,并微带焦臭;久贮或在日光下,色渐变深;饱和水溶液显中性或弱酸性反应。与乙醇、三氯甲烷、乙醚、甘油、脂肪油或挥发油能任意混合,在水中略溶而生成带浑浊的溶液;在氢氧化钠试液中溶解。

氯甲酚,无色或微黄色结晶;有酚的特臭;遇光或在空气中色渐变深;水溶液显弱酸性反应。在乙醇中极易溶解,在乙醚、石油醚中溶解,在水中微溶,在碱性溶液中易溶。

2. 应用酚类药物注意事项

(1)当苯酚浓度高于0.5%～5%时,对皮肤可产生局部麻醉作用;高于5%溶液则对组织产生强烈的刺激和腐蚀作用。动物意外吞服或皮肤、黏膜大面积接触苯酚会引起全身性中毒,严重者可因呼吸麻痹致死。中毒时应进行对症治疗。苯酚还有致癌作用。

(2)甲酚有特臭,不宜在肉联厂、乳牛厩舍、乳品加工车间和食品加工厂等应用,以免影响食品质量;对皮肤有刺激性,若用其1%～2%溶液消毒手和皮肤,务必精确计量。

(3)氯甲酚,对皮肤及黏膜有腐蚀性;现配现用,稀释后不易久贮。

3.制剂与用法

(1)复合酚:喷洒,配成 0.3%～1%的水溶液。浸涤,配成 1.6%的水溶液。

(2)甲酚皂溶液:喷洒或浸泡,配成 5%～10%的水溶液。

(3)氯甲酚溶液:喷洒,1:(33～100)倍稀释。

(二)醛类

1.醛类药物理化性质及危害

甲醛,无色、具有强烈气味的刺激气体,略重于空气,能与水或乙醇任意混合,其 40%溶液又称福尔马林。甲醛有强致癌作用,对动物皮肤、黏膜有强刺激性。

戊二醛,无色透明油状液体,有刺激性特臭,溶于热水。对眼睛、皮肤和黏膜有强烈的刺激作用。

2.应用醛类药物注意事项

甲醛溶液,消毒后在物体表面形成一层具腐蚀作用的薄膜;动物误服后,应迅速灌服稀氨水解毒;药物污染皮肤,应立即用肥皂盒水清洗。

复方甲醛溶液,由于本品对皮肤和黏膜有一定的刺激性,操作人员要做好防护措施;切勿内服;当温度低于 5℃时,可适当提高使用浓度;禁与肥皂及其他阴离子表面活性剂、盐类消毒剂、碘化物和过氧化物等合用。

戊二醛,避免接触皮肤和黏膜。

复方戊二醛溶液,易燃,使用时须谨慎,以免被灼烧,避免接触皮肤和黏膜,避免吸入其挥发气体,在通风良好的场所稀释;使用时要配备防护设备加防护衣、手套、护面和护眼用具等;禁与阴离子表面活性剂及盐类消毒药合用;不宜用于膀胱镜、眼科器械及合成橡胶制品的消毒。

3.制剂与用法

(1)甲醛溶液:以本品计。熏蒸消毒,15 mL/m³。内服,一次量,牛8～25 mL;羊1～3 mL。内服时用水稀释20～30倍。标本、尸体防腐,配成5％～10％溶液。

(2)复方甲醛溶液:厩舍、物品、运输工具消毒,1:(200～400)倍稀释;发生疫病时消毒,1:(100～200)倍稀释。

(3)浓戊二醛溶液:以戊二醛计。橡胶、塑料制品及手术器械消毒,配成2％溶液。

(4)稀戊二醛溶液:喷洒使浸透,配成0.78％溶液,保持5 min或放置至干。

(5)复方戊二醛溶液:喷洒,1:150倍稀释,9 mL/m²;涂刷,1:150倍稀释,无孔材料表面100 mL/m²,有孔材料表面300 mL/m²。

(三)醇类

醇类主要是乙醇。

1.醇类药物理化性质及危害

乙醇,无色澄清液体,微有特臭,味灼烈;易挥发,易燃烧,燃烧时显淡蓝色火焰;加热至约78℃即沸腾。与水、甘油、三氯甲烷或乙醚能任意混溶。

2.应用醇类药物注意事项

乙醇对黏膜的刺激性大,不能用于黏膜和创面消毒。

3.制剂与用法

乙醇:手、皮肤、体温计、注射针头和小件医疗器械等消毒,75％溶液。

(四)卤素类

1.卤素类药物理化性质及危害

氯:常温常压下为黄绿色,有强烈刺激性气味的有毒气体,密度比空气大,可溶于水,易压缩,可液化为金黄色液态氯。氯气中混合体积分数为5%以上的氢气时遇强光可能会有爆炸的危险。

溴氯海因:类白色或淡黄色结晶性粉末;有次氯酸的刺激性气味;有引湿性。在水中微溶,在二氯甲烷或三氯甲烷中溶解。

碘:灰黑色或蓝黑色、有金属光泽的片状结晶或块状物,质重、脆;有特臭;在常温中能挥发。在乙醇、乙醚或二硫化碳中易溶,在三氯甲烷中溶解,在四氯化碳中略溶,在水中几乎不溶;在碘化钾或碘化钠的水溶液中溶解。

聚维酮碘:1-乙烯基-2-吡咯烷酮均聚物与碘的复合物。黄棕色至红棕色无定形粉末,在水中或乙醇中溶解,在乙醚或三氯甲烷中不溶。

2.应用卤素类药物注意事项

含氯石灰:对皮肤和黏膜有刺激作用;对金属有腐蚀作用;可使有色棉织物褪色。

次氯酸钠溶液:对金属有腐蚀作用,对织物有漂白作用;可伤害皮肤,置于儿童不能触及处。

复合亚氯酸钠:避免与强还原剂及酸性物质接触。注意防爆。浓度为0.01%时,对铜、铝有轻度腐蚀性,对碳钢有中度腐蚀。现配现用。

溴氯海因粉:对炭疽芽胞无效,禁用金属容器盛放。

碘:低浓度碘的毒性很低,使用时偶尔引起过敏反应。长时间浸泡金属器械,会产生腐蚀性。对碘过敏动物禁用。不应与含汞药物配伍。

3.制剂与用法

(1)含氯石灰　饮水消毒,每50 L水加本品1 g;厩舍等消毒,配成

5％～20％混悬液。

(2)次氯酸钠溶液 厩舍、器具消毒,1:(50～100)倍稀释;禽流感病毒疫源地消毒,1:10 倍稀释;口蹄疫病毒疫源地消毒,1:50 倍稀释;常规消毒,1:1 000 倍稀释。

(3)复合亚氯酸钠 本品 1 g 加水 10 mL 溶解,加活化剂 1.5 mL 活化后,加水至 150 mL 备用。厩舍、饲喂器具消毒,15～20 倍稀释;饮水消毒,200～1 700 倍稀释。

(4)溴氯海因粉 喷洒、擦洗或浸泡,环境或运载工具消毒,口蹄疫按 1:400 倍稀释,猪水泡病按 1:200 倍稀释,猪瘟按 1:600 倍稀释,猪细小病毒按 1:60 倍稀释,鸡新城疫、法氏囊病按 1:1 000 倍稀释;细菌繁殖体按 1:4 000 倍稀释。

(5)碘甘油 1 000 mL:碘 10 g 与碘化钾 10 g,涂患处。

(6)碘附 配成 0.5％～1％溶液。

(7)碘酊 术前和注射前和注射时的皮肤消毒。

(8)合碘溶液 厩舍、屠宰场地消毒,配成 1％～3％溶液;器械消毒,配成 0.5％～1％溶液。

(9)聚维酮碘溶液 以聚维酮碘计。皮肤消毒及治疗皮肤病,配成 5％溶液;奶牛乳头浸泡,配成 0.5％～1％溶液;黏膜及创面冲洗,配成 0.1％溶液。

(五)季铵盐类

1.季铵盐类药物理化性质及危害

苯扎溴铵,为溴化二甲基苄基烃铵的混合物,在常温下为黄色胶状体,低温时可能逐渐形成蜡状固体;水溶液呈碱性反应,振摇时产生多量泡沫。在水或乙醇中易溶,在丙酮中微溶,在乙醚中不溶。

醋酸氯己定,白色或几乎白色的结晶性粉末;无臭,味苦。在乙醇中溶解,在水中微溶。

2.应用季铵盐类药物注意事项

辛氨乙甘酸溶液,忌与其他消毒药合用;不宜用于粪便、污秽物及污水的消毒。

苯扎溴铵溶液,禁与肥皂及其他阴离子活性剂、盐类消毒剂、碘化物和过氧化物等合用,术者用肥皂洗手后,务必用水冲净后再用本品;不宜用于眼科器械和合成橡胶制品的消毒;配制器械消毒液时,需加0.5%亚硝酸钠,其水溶液不得贮存于聚乙烯制作的容器内,以避免与增塑剂起反应而使药液失效。

醋酸氯己定,不能与肥皂、碱性物质和其他阳离子表面活性剂混合使用;金属器械消毒时加0.5%亚硝酸钠防锈;禁与汞、甲醛、碘酊、高锰酸钾等消毒剂配伍应用。

3.制剂与用法

(1)辛氨乙甘酸溶液　畜舍、场地、器械消毒,1:(100~200)倍稀释;种蛋消毒,1:500倍稀释;手消毒,1:1 000倍稀释。

(2)苯扎溴铵溶液　以苯扎溴铵计。创面消毒,配成0.01%溶液;皮肤、手术器械消毒,配成0.1%溶液。

(3)醋酸氯己定　皮肤消毒,配成0.5%醇(70%乙醇)溶液;黏膜及创面消毒,配成0.05%溶液;手消毒,配成0.02%溶液;器械消毒,配成0.1%溶液。

(六)氧化剂

1.氧化剂理化性质及危害

浓过氧化氢溶液,无色澄清液体,无臭或有类似臭氧的臭气;遇氧化物或还原物即迅速分解并发生泡沫,遇光易变质。

高锰酸钾,为黑紫色、细长的棱形结晶或颗粒,带蓝色的金属光泽;无臭;与某些有机物或易氧化物接触,易发生爆炸。在沸水中易溶,在水中溶解。高浓度有刺激和腐蚀作用;内服可引起胃肠道刺激症状,严重时出现呼吸和吞咽困难。

2. 应用氧化剂注意事项

过氧化氢,对皮肤、黏膜有强刺激性。

过氧化氢溶液,禁与有机物、碱、生物碱、碘化物、高锰酸钾或其他强化剂合用;不能注入胸腔、腹腔等密闭体腔或腔道、气体不易逸散的深部脓疮,以免产气过速,可导致栓塞或扩大感染。

高锰酸钾,严格掌握不同用途使用不同浓度的溶液;水溶液易失效,药液需新鲜配制,避光保存,久置变棕色而失效;由于高锰酸钾对胃肠道有刺激作用,在误服有机物中毒时,不应反复用高锰酸钾溶液洗胃。

3. 制剂与用法

(1)浓过氧化氢溶液　清洗创口,适量。

(2)高锰酸钾　腔道冲洗及洗胃,配成 $0.05\%\sim0.1\%$ 溶液;创伤冲洗,配成 $0.1\%\sim0.2\%$ 溶液。

(七)酸类

1. 酸类理化性质及危害

醋酸:无色澄明液体;有强烈的特臭,味极酸。

硼酸:无色微带珍珠光泽结晶或白色疏松的粉末,有滑腻感;无臭;水溶液显弱酸性反应。在沸水、沸乙醇或甘油中易溶,在水或乙醇中溶解。

2. 应用酸类注意事项

醋酸:避免与眼睛接触,若与高浓度醋酸接触,立即用清水冲洗;应避免接触金属器械,以免产生腐蚀作用;禁与碱性药物配伍。

硼酸:外用一般毒性不大,但不适用于大面积创伤和新生肉芽组织的冲洗,以避免吸收后蓄积毒性。

3. 制剂与用法

(1)醋酸　外用,口腔冲洗,配成 $2\%\sim3\%$ 溶液。

(2)硼酸软膏　10％,外用,涂敷患处,适量。

(3)硼砂　外用冲洗,配成2％～4％溶液。

(八)碱类

1.碱类药物理化性质及危害

氢氧化钠,为熔制的白色干燥颗粒、块、棒或薄片;质坚脆,折断面显结晶性;引湿性强,在空气中易吸收二氧化碳。在水中极易溶解,在乙醇中易溶。

碳酸钠,白色粉状结晶;无臭;水溶液遇酚酞指示液显碱性反应。在水中易溶,在乙醇中不溶。

2.应用碱类药物注意事项

氢氧化钠,对组织有强腐蚀性,能损坏纺织品和铝制品;消毒人员应注意防护。

3.制剂与用法

(1)氧化钠　消毒,配成1％～2％热溶液;腐蚀动物新生角,配成50％溶液。

(2)碳酸钠　外用,清洁皮肤去除痂皮,配成0.5％～2％溶液;器械煮沸消毒,配成1％溶液。

(九)其他

1.其他类药物理化性质及危害

氧化锌,为白色至极微黄白色的无砂性细微粉末;无臭;在空气中能缓缓吸收二氧化碳。在水或乙醇中不溶;在稀酸或氢氧化钠溶液中溶解。

2.制剂与用法

(1)氧化锌软膏:外用,适量,患处涂敷。

(2)鱼石脂软膏:取适量,涂敷患处。

四、禁用药

(一)禁止使用的药物,在动物性食品中不得检出(表 2-14)

表 2-14　禁止使用的药物,在动物性食品中不得检出

药物名称	禁用动物种类	靶组织
氯霉素 chloramphenicol 及其盐、酯(包括:琥珀氯霉素 chloramphenico succinate)	所有食品动物	所有可食组织
克仑特罗 clenbuterol 及其盐、酯	所有食品动物	所有可食组织
沙丁胺醇 salbutamol 及其盐、酯	所有食品动物	所有可食组织
西马特罗 cimaterol 及其盐、酯	所有食品动物	所有可食组织
氨苯砜 dapsone	所有食品动物	所有可食组织
己烯雌酚 diethylstilbestrol 及其盐、酯	所有食品动物	所有可食组织
呋喃它酮 furaltadone	所有食品动物	所有可食组织
呋喃唑酮 furazolidone	所有食品动物	所有可食组织
林丹 lindane	所有食品动物	所有可食组织
呋喃苯烯酸钠 nifurstyrenate sodium	所有食品动物	所有可食组织
安眠酮 methaqualone	所有食品动物	所有可食组织
洛硝达唑 ronidazole	所有食品动物	所有可食组织
玉米赤霉醇 zeranol	所有食品动物	所有可食组织
去甲雄三烯醇酮 trenbolone	所有食品动物	所有可食组织
醋酸甲孕酮 mengestrol Acetate	所有食品动物	所有可食组织
硝基酚钠 sodium nitrophenolate	所有食品动物	所有可食组织
硝呋烯腙 nitrovin	所有食品动物	所有可食组织
毒杀芬(氯化烯) camahechlor	所有食品动物	所有可食组织
呋喃丹(克百威) carbofuran	所有食品动物	所有可食组织
杀虫脒(克死螨) chlordimeform	所有食品动物	所有可食组织
双甲脒 amitraz	水生食品动物	所有可食组织

续表 2-14

药物名称	禁用动物种类	靶组织
酒石酸锑钾 antimony potassium tartrate	所有食品动物	所有可食组织
锥虫砷胺 tryparsamile	所有食品动物	所有可食组织
孔雀石绿 malachitegreen	所有食品动物	所有可食组织
五氯酚酸钠 pentachlorophenol sodium	所有食品动物	所有可食组织
氯化亚汞（甘汞）calomel	所有食品动物	所有可食组织
硝酸亚汞 mercurous nitrate	所有食品动物	所有可食组织
醋酸汞 mercurous acetate	所有食品动物	所有可食组织
吡啶基醋酸汞 pyridyl mercurous acetate	所有食品动物	所有可食组织
甲基睾丸酮 methyltestosterone	所有食品动物	所有可食组织
群勃龙 trenbolone	所有食品动物	所有可食组织

（二）允许作治疗用,但不得在动物性食品中检出的药物(表 2-15)

表 2-15　允许作治疗用,但不得在动物性食品中检出的药物

药物名称	禁用动物种类	靶组织
氯丙嗪 chlorpromazine	所有食品动物	所有可食组织
地西泮（安定）diazepam	所有食品动物	所有可食组织
地美硝唑 dimetridazole	所有食品动物	所有可食组织
苯甲酸雌二醇 estradiol Benzoate	所有食品动物	所有可食组织
潮霉素 B hygromycin B	猪/鸡 鸡	可食组织 蛋
甲硝唑 metronidazole	所有食品动物	所有可食组织
苯丙酸诺龙 nadrolone phenylpropionate	所有食品动物	所有可食组织
丙酸睾酮 testosterone propinate	所有食品动物	所有可食组织
塞拉嗪 xylzaine	产奶动物	奶
甲苯咪唑 mebendazole	羊/马(产奶期禁用)	
氟氯苯氰菊酯 flumethrin	羊(产奶期禁用)	
氟苯尼考 florfenicol	牛/羊（泌乳期禁用） 家禽（产蛋禁用）	

续表 2-15

药物名称	禁用动物种类	靶组织
恩诺沙星 enrofloxacin	禽（产蛋鸡禁用）	
多西环素	牛（泌乳牛禁用） 禽（产蛋鸡禁用）	
多拉菌素	牛（泌乳牛禁用）	
阿灭丁（阿维菌素）abamectin	牛（泌乳期禁用） 羊（泌乳期禁用）	

（三）食品动物禁用的兽药及其他化合物清单（表 2-16）

表 2-16　食品动物禁用的兽药及其他化合物清单

序号	兽药及其他化合物名称	禁用途	禁用动物
1	β-兴奋剂类：克仑特罗 clenbuterol、沙丁胺醇 salbutamol、西马特罗 cimaterol 及其盐、酯及制剂	所有用途	所有食品动物
2	性激素类：己烯雌酚 diethylstilbestrol 及其盐、酯及制剂	所有用途	所有食品动物
3	具有雌激素样作用的物质：玉米赤霉醇 zeranol、去甲雄三烯醇酮 trenbolone、醋酸甲孕酮 mengestrol，Acetate 及制剂	所有用途	所有食品动物
4	氯霉素 chloramphenicol 及其盐、酯（包括：琥珀氯霉素 chloramphenicol succinate 及制剂）	所有用途	所有食品动物
5	氨苯砜 dapsone 及制剂	所有用途	所有食品动物
6	硝基呋喃类：呋喃唑酮 furazolidone、呋喃它酮 furaltadone、呋喃苯烯酸钠 nifurstyrenate sodium 及制剂	所有用途	所有食品动物
7	硝基化合物：硝基酚钠 sodium nitrophenolate、硝呋烯腙 nitrovin 及制剂	所有用途	所有食品动物
8	催眠、镇静类：安眠酮 methaqualone 及制剂	所有用途	所有食品动物
9	林丹（丙体六六六）lindane	杀虫剂	所有食品动物

续表 2-16

序号	兽药及其他化合物名称	禁用途	禁用动物
10	毒杀芬(氯化烯)camahechlor	杀虫剂、清塘剂	所有食品动物
11	呋喃丹(克百威)carbofuran	杀虫剂	所有食品动物
12	杀虫脒(克死螨)chlordimeform	杀虫剂	所有食品动物
13	双甲脒 amitraz	杀虫剂	水生食品动物
14	酒石酸锑钾 antimonypotassiumtartrate	杀虫剂	所有食品动物
15	锥虫胂胺 tryparsamide	杀虫剂	所有食品动物
16	孔雀石绿 malachitegreen	抗菌、杀虫剂	所有食品动物
17	五氯酚酸钠 pentachlorophenolsodium	杀螺剂	所有食品动物
18	各种汞制剂包括氯化亚汞(甘汞)calomel、硝酸亚汞 mercurous nitrate、醋酸汞 mercurous acetate、吡啶基醋酸汞 pyridyl mercurous acetate	杀虫剂	所有食品动物
19	性激素类:甲基睾丸酮 methyltestosterone、丙酸睾酮 testosterone propionate、苯丙酸诺龙 nandrolone phenylpropionate、苯甲酸雌二醇 estradiol benzoate 及其盐、酯及制剂	促生长	所有食品动物
20	催眠、镇静类:氯丙嗪 chlorpromazine、地西泮(安定) dazepam 及其盐、酯及制剂	促生长	所有食品动物
21	硝基咪唑类:甲硝唑 metronidazole、地美硝唑 dimetronidazole 及其盐、酯及制剂	促生长	所有食品动物

(四)禁止在饲料和动物饮用水中使用的药物品种目录

1.肾上腺素受体激动剂

(1)盐酸克仑特罗(clenbuterol hydrochloride):中华人民共和国药典(以下简称药典)2000 版二部 P605。β2 肾上腺素受体激动药。

(2)沙丁胺醇(salbutamol):药典 2000 版二部 P316。β2 肾上腺素受体激动药。

(3)硫酸沙丁胺醇(salbutamol sulfate):药典 2000 版二部 P870。β2 肾上腺素受体激动药。

(4)莱克多巴胺(ractopamine):一种 β 兴奋剂,美国食品和药物管理局(FDA)已批准,中国未批准。

(5)盐酸多巴胺(dopamine hydrochloride):药典 2000 版二部 P591。多巴胺受体激动药。

(6)西马特罗(cimaterol):美国氰胺公司开发的产品,一种 β 兴奋剂,FDA 未批准。

(7)硫酸特布他林(terbutaline sulfate):药典 2000 版二部 P890。β2 肾上腺受体激动药。

2. 性激素

(1)己烯雌酚(diethylstibestrol):药典 2000 版二部 P42。雌激素类药。

(2)雌二醇(estradiol):药典 2000 版二部 P1005。雌激素类药。

(3)戊酸雌二醇(estradiol valerate):药典 2000 版二部 P124。雌激素类药。

(4)苯甲酸雌二醇(estradiol benzoate):药典 2000 版二部 P369。雌激素类药。中华人民共和国兽药典(以下简称兽药典)2000 版一部 P109。雌激素类药。用于发情不明显动物的催情及胎衣滞留、死胎的排出。

(5)氯烯雌醚(chlorotrianisene)药典 2000 版二部 P919。

(6)炔诺醇(ethinylestradiol)药典 2000 版二部 P422。

(7)炔诺醚(quinestrol)药典 2000 版二部 P424。

(8)醋酸氯地孕酮(chlormadinone acetate)药典 2000 版二部 P1037。

(9)左炔诺孕酮(levonorgestrel)药典 2000 版二部 P107。

(10)炔诺酮(norethisterone)药典 2000 版二部 P420。

(11)绒毛膜促性腺激素（绒促性素）（chorionic gonadotrophin）：药典 2000 版二部 P534。促性腺激素药。兽药典 2000 版一部 P146。激素类药。用于性功能障碍、习惯性流产及卵巢囊肿等。

(12)促卵泡生长激素（尿促性素主要含卵泡刺激 FSHT 和黄体生成素 LH）（menotropins）：药典 2000 版二部 P321。促性腺激素类药。

3. 蛋白同化激素

(1)碘化酪蛋白（iodinated casein）：蛋白同化激素类，为甲状腺素的前驱物质，具有类似甲状腺素的生理作用。

(2)苯丙酸诺龙及苯丙酸诺龙注射液（nandrolone phenylpropionate）药典 2000 版二部 P365。

4. 精神药品

(1)（盐酸）氯丙嗪（chlorpromazine hydrochloride）：药典 2000 版二部 P676。抗精神病药。兽药典 2000 版一部 P177。镇静药。用于强化麻醉以及使动物安静等。

(2)盐酸异丙嗪（promethazine hydrochloride）：药典 2000 版二部 P602。抗组胺药。兽药典 2000 版一部 P164。抗组胺药。用于变态反应性疾病，如荨麻疹、血清病等。

(3)安定（地西泮）（diazepam）：药典 2000 版二部 P214。抗焦虑药、抗惊厥药。兽药典 2000 版一部 P61。镇静药、抗惊厥药。

(4)苯巴比妥（phenobarbital）：药典 2000 版二部 P362。镇静催眠药、抗惊厥药。兽药典 2000 版一部 P103。巴比妥类药。缓解脑炎、破伤风、士的宁中毒所致的惊厥。

(5)苯巴比妥钠（phenobarbital sodium）。兽药典 2000 版一部 P105。巴比妥类药。缓解脑炎、破伤风、士的宁中毒所致的惊厥。

(6)巴比妥（barbital）：兽药典 2000 版一部 P27。中枢抑制和增强解热镇痛。

（7）异戊巴比妥（amobarbital）：药典 2000 版二部 P252。催眠药、抗惊厥药。

（8）异戊巴比妥钠（amobarbital sodium）：兽药典 2000 版一部 P82。巴比妥类药。用于小动物的镇静、抗惊厥和麻醉。

（9）利血平（reserpine）：药典 2000 版二部 P304。抗高血压药。

（10）艾司唑仑（estazolam）。

（11）甲丙氨脂（meprobamate）。

（12）咪达唑仑（midazolam）。

（13）硝西泮（nitrazepam）。

（14）奥沙西泮（oxazepam）。

（15）匹莫林（pemoline）。

（16）三唑仑（triazolam）。

（17）唑吡旦（zolpidem）。

（18）其他国家管制的精神药品。

5. 各种抗生素滤渣

抗生素滤渣：该类物质是抗生素类产品生产过程中产生的工业三废，因含有微量抗生素成分，在饲料和饲养过程中使用后对动物有一定的促生长作用。但对养殖业的危害很大，一是容易引起耐药性，二是由于未做安全性试验，存在各种安全隐患。

第三章　法律法规

兽药管理条例

(2004 年 4 月 9 日国务院令第 404 号发布,2004 年 11 月 1 日起施行)

第一章　总　　则

第一条　为了加强兽药管理,保证兽药质量,防治动物疾病,促进养殖业的发展,维护人体健康,制定本条例。

第二条　在中华人民共和国境内从事兽药的研制、生产、经营、进出口、使用和监督管理,应当遵守本条例。

第三条　国务院兽医行政管理部门负责全国的兽药监督管理工作。

县级以上地方人民政府兽医行政管理部门负责本行政区域内的兽药监督管理工作。

第四条　国家实行兽用处方药和非处方药分类管理制度。兽用处方药和非处方药分类管理的办法和具体实施步骤,由国务院兽医行政管理部门规定。

第五条　国家实行兽药储备制度。

发生重大动物疫情、灾情或者其他突发事件时,国务院兽医行政管理部门可以紧急调用国家储备的兽药;必要时,也可以调用国家储备以外的兽药。

第二章　新兽药研制

第六条　国家鼓励研制新兽药,依法保护研制者的合法权益。

第七条　研制新兽药,应当具有与研制相适应的场所、仪器设备、专业技术人员、安全管理规范和措施。

研制新兽药,应当进行安全性评价。从事兽药安全性评价的单位,应当经国务院兽医行政管理部门认定,并遵守兽药非临床研究质量管理规范和兽药临床试验质量管理规范。

第八条　研制新兽药,应当在临床试验前向省、自治区、直辖市人民政府兽医行政管理部门提出申请,并附具该新兽药实验室阶段安全性评价报告及其他临床前研究资料;省、自治区、直辖市人民政府兽医行政管理部门应当自收到申请之日起 60 个工作日内将审查结果书面通知申请人。

研制的新兽药属于生物制品的,应当在临床试验前向国务院兽医行政管理部门提出申请,国务院兽医行政管理部门应当自收到申请之日起 60 个工作日内将审查结果书面通知申请人。

研制新兽药需要使用一类病原微生物的,还应当具备国务院兽医行政管理部门规定的条件,并在实验室阶段前报国务院兽医行政管理部门批准。

第九条　临床试验完成后,新兽药研制者向国务院兽医行政管理部门提出新兽药注册申请时,应当提交该新兽药的样品和下列资料:

(一)名称、主要成分、理化性质;

(二)研制方法、生产工艺、质量标准和检测方法;

(三)药理和毒理试验结果、临床试验报告和稳定性试验报告;

(四)环境影响报告和污染防治措施。

研制的新兽药属于生物制品的,还应当提供菌(毒、虫)种、细胞等有关材料和资料。菌(毒、虫)种、细胞由国务院兽医行政管理部门指定的机构保藏。

　　研制用于食用动物的新兽药,还应当按照国务院兽医行政管理部门的规定进行兽药残留试验并提供休药期、最高残留限量标准、残留检测方法及其制定依据等资料。

　　国务院兽医行政管理部门应当自收到申请之日起 10 个工作日内,将决定受理的新兽药资料送其设立的兽药评审机构进行评审,将新兽药样品送其指定的检验机构复核检验,并自收到评审和复核检验结论之日起 60 个工作日内完成审查。审查合格的,发给新兽药注册证书,并发布该兽药的质量标准;不合格的,应当书面通知申请人。

　　第十条　国家对依法获得注册的、含有新化合物的兽药的申请人提交的其自己所取得且未披露的试验数据和其他数据实施保护。

　　自注册之日起 6 年内,对其他申请人未经已获得注册兽药的申请人同意,使用前款规定的数据申请兽药注册的,兽药注册机关不予注册;但是,其他申请人提交其自己所取得的数据的除外。

　　除下列情况外,兽药注册机关不得披露本条第一款规定的数据:

　　(一)公共利益需要;

　　(二)已采取措施确保该类信息不会被不正当地进行商业使用。

第三章　兽药生产

　　第十一条　设立兽药生产企业,应当符合国家兽药行业发展规划和产业政策,并具备下列条件:

　　(一)与所生产的兽药相适应的兽医学、药学或者相关专业的技术人员;

　　(二)与所生产的兽药相适应的厂房、设施;

　　(三)与所生产的兽药相适应的兽药质量管理和质量检验的机构、人员、仪器设备;

　　(四)符合安全、卫生要求的生产环境;

　　(五)兽药生产质量管理规范规定的其他生产条件。

　　符合前款规定条件的,申请人方可向省、自治区、直辖市人民政府兽医行政管理部门提出申请,并附具符合前款规定条件的证明材料;省、自治区、直辖市人民政府兽医行政管理部门应当自收到申请之日起20个工作日内,将审核意见和有关材料报送国务院兽医行政管理部门。

国务院兽医行政管理部门,应当自收到审核意见和有关材料之日起40个工作日内完成审查。经审查合格的,发给兽药生产许可证;不合格的,应当书面通知申请人。申请人凭兽药生产许可证办理工商登记手续。

第十二条　兽药生产许可证应当载明生产范围、生产地点、有效期和法定代表人姓名、住址等事项。

兽药生产许可证有效期为5年。有效期届满,需要继续生产兽药的,应当在许可证有效期届满前6个月到原发证机关申请换发兽药生产许可证。

第十三条　兽药生产企业变更生产范围、生产地点的,应当依照本条例第十一条的规定申请换发兽药生产许可证,申请人凭换发的兽药生产许可证办理工商变更登记手续;变更企业名称、法定代表人的,应当在办理工商变更登记手续后15个工作日内,到原发证机关申请换发兽药生产许可证。

第十四条　兽药生产企业应当按照国务院兽医行政管理部门制定的兽药生产质量管理规范组织生产。

国务院兽医行政管理部门,应当对兽药生产企业是否符合兽药生产质量管理规范的要求进行监督检查,并公布检查结果。

第十五条　兽药生产企业生产兽药,应当取得国务院兽医行政管理部门核发的产品批准文号,产品批准文号的有效期为5年。兽药产品批准文号的核发办法由国务院兽医行政管理部门制定。

第十六条　兽药生产企业应当按照兽药国家标准和国务院兽医行政管理部门批准的生产工艺进行生产。兽药生产企业改变影响兽药质量的生产工艺的,应当报原批准部门审核批准。

兽药生产企业应当建立生产记录,生产记录应当完整、准确。

第十七条 生产兽药所需的原料、辅料,应当符合国家标准或者所生产兽药的质量要求。

直接接触兽药的包装材料和容器应当符合药用要求。

第十八条 兽药出厂前应当经过质量检验,不符合质量标准的不得出厂。

兽药出厂应当附有产品质量合格证。

禁止生产假、劣兽药。

第十九条 兽药生产企业生产的每批兽用生物制品,在出厂前应当由国务院兽医行政管理部门指定的检验机构审查核对,并在必要时进行抽查检验;未经审查核对或者抽查检验不合格的,不得销售。

强制免疫所需兽用生物制品,由国务院兽医行政管理部门指定的企业生产。

第二十条 兽药包装应当按照规定印有或者贴有标签,附具说明书,并在显著位置注明"兽用"字样。

兽药的标签和说明书经国务院兽医行政管理部门批准并公布后,方可使用。

兽药的标签或者说明书,应当以中文注明兽药的通用名称、成分及其含量、规格、生产企业、产品批准文号(进口兽药注册证号)、产品批号、生产日期、有效期、适应症或者功能主治、用法、用量、休药期、禁忌、不良反应、注意事项、运输贮存保管条件及其他应当说明的内容。有商品名称的,还应当注明商品名称。

除前款规定的内容外,兽用处方药的标签或者说明书还应当印有国务院兽医行政管理部门规定的警示内容,其中兽用麻醉药品、精神药品、毒性药品和放射性药品还应当印有国务院兽医行政管理部门规定的特殊标志;兽用非处方药的标签或者说明书还应当印有国务院兽医行政管理部门规定的非处方药标志。

第二十一条 国务院兽医行政管理部门,根据保证动物产品质量安全和人体健康的需要,可以对新兽药设立不超过 5 年的监测期;在监测期内,不得批准其他企业生产或者进口该新兽药。生产企业应当在监测期内收集该新兽药的疗效、不良反应等资料,并及时报送国务院兽医行政管理部门。

第四章　兽药经营

第二十二条　经营兽药的企业,应当具备下列条件:

(一)与所经营的兽药相适应的兽药技术人员;

(二)与所经营的兽药相适应的营业场所、设备、仓库设施;

(三)与所经营的兽药相适应的质量管理机构或者人员;

(四)兽药经营质量管理规范规定的其他经营条件。

符合前款规定条件的,申请人方可向市、县人民政府兽医行政管理部门提出申请,并附具符合前款规定条件的证明材料;经营兽用生物制品的,应当向省、自治区、直辖市人民政府兽医行政管理部门提出申请,并附具符合前款规定条件的证明材料。

县级以上地方人民政府兽医行政管理部门,应当自收到申请之日起 30 个工作日内完成审查。审查合格的,发给兽药经营许可证;不合格的,应当书面通知申请人。申请人凭兽药经营许可证办理工商登记手续。

第二十三条　兽药经营许可证应当载明经营范围、经营地点、有效期和法定代表人姓名、住址等事项。

兽药经营许可证有效期为 5 年。有效期届满,需要继续经营兽药的,应当在许可证有效期届满前 6 个月到原发证机关申请换发兽药经营许可证。

第二十四条　兽药经营企业变更经营范围、经营地点的,应当依照本条例第二十二条的规定申请换发兽药经营许可证,申请人凭换发的兽药经营许可证办理工商变更登记手续;变更企业名称、法定代表人的,应当在办理工商变更登记手续后 15 个工作日内,到原发证机关申请换发兽药经营许可证。

第二十五条　兽药经营企业,应当遵守国务院兽医行政管理部门制定的兽药经营质量管理规范。

县级以上地方人民政府兽医行政管理部门,应当对兽药经营企业是否符合兽药经营质量管理规范的要求进行监督检查,并公布检查结果。

第二十六条　兽药经营企业购进兽药,应当将兽药产品与产品标签或者说明书、产品质量合格证核对无误。

第二十七条　兽药经营企业,应当向购买者说明兽药的功能主治、用法、用量和注意事项。销售兽用处方药的,应当遵守兽用处方药管理办法。

兽药经营企业销售兽用中药材的,应当注明产地。

禁止兽药经营企业经营人用药品和假、劣兽药。

第二十八条　兽药经营企业购销兽药,应当建立购销记录。购销记录应当载明兽药的商品名称、通用名称、剂型、规格、批号、有效期、生产厂商、购销单位、购销数量、购销日期和国务院兽医行政管理部门规定的其他事项。

第二十九条　兽药经营企业,应当建立兽药保管制度,采取必要的冷藏、防冻、防潮、防虫、防鼠等措施,保持所经营兽药的质量。

兽药入库、出库,应当执行检查验收制度,并有准确记录。

第三十条　强制免疫所需兽用生物制品的经营,应当符合国务院兽医行政管理部门的规定。

第三十一条　兽药广告的内容应当与兽药说明书内容相一致,在全国重点媒体发布兽药广告的,应当经国务院兽医行政管理部门审查批准,取得兽药广告审查批准文号。在地方媒体发布兽药广告的,应当经省、自治区、直辖市人民政府兽医行政管理部门审查批准,取得兽药广告审查批准文号;未经批准的,不得发布。

第五章　兽药进出口

第三十二条　首次向中国出口的兽药,由出口方驻中国境内的办事机构或者其委托的中国境内代理机构向国务院兽医行政管理部门申请注册,并提交下列资料和物品:

(一)生产企业所在国家(地区)兽药管理部门批准生产、销售的证明文件;

(二)生产企业所在国家(地区)兽药管理部门颁发的符合兽药生产质量管理规范的证明文件;

(三)兽药的制造方法、生产工艺、质量标准、检测方法、药理和毒理试验结果、临床试验报告、稳定性试验报告及其他相关资料;用于食用动物的兽药的休药期、最高残留限量标准、残留检测方法及其制定依据等资料;

(四)兽药的标签和说明书样本;

(五)兽药的样品、对照品、标准品;

(六)环境影响报告和污染防治措施;

(七)涉及兽药安全性的其他资料。

申请向中国出口兽用生物制品的,还应当提供菌(毒、虫)种、细胞等有关材料和资料。

第三十三条　国务院兽医行政管理部门,应当自收到申请之日起10个工作日内组织初步审查。经初步审查合格的,应当将决定受理的兽药资料送其设立的兽药评审机构进行评审,将该兽药样品送其指定的检验机构复核检验,并自收到评审和复核检验结论之日起60个工作日内完成审查。经审查合格的,发给进口兽药注册证书,并发布该兽药的质量标准;不合格的,应当书面通知申请人。

在审查过程中,国务院兽医行政管理部门可以对向中国出口兽药的企业是否符合兽药生产质量管理规范的要求进行考查,并有权要求该企业在国务院兽医行政管理部门指定的机构进行该兽药的安全性和有效性试验。

国内急需兽药、少量科研用兽药或者注册兽药的样品、对照品、标准品的进口,按照国务院兽医行政管理部门的规定办理。

第三十四条　进口兽药注册证书的有效期为 5 年。有效期届满,需要继续向中国出口兽药的,应当在有效期届满前 6 个月到原发证机关申请再注册。

第三十五条　境外企业不得在中国直接销售兽药。境外企业在中国销售兽药,应当依法在中国境内设立销售机构或者委托符合条件的中国境内代理机构。

进口在中国已取得进口兽药注册证书的兽用生物制品的,中国境内代理机构应当向国务院兽医行政管理部门申请允许进口兽用生物制品证明文件,凭允许进口兽用生物制品证明文件到口岸所在地人民政府兽医行政管理部门办理进口兽药通关单;进口在中国已取得进口兽药注册证书的其他兽药的,凭进口兽药注册证书到口岸所在地人民政府兽医行政管理部门办理进口兽药通关单。海关凭进口兽药通关单放行。兽药进口管理办法由国务院兽医行政管理部门会同海关总署制定。

兽用生物制品进口后,应当依照本条例第十九条的规定进行审查核对和抽查检验。其他兽药进口后,由当地兽医行政管理部门通知兽药检验机构进行抽查检验。

第三十六条　禁止进口下列兽药:

(一)药效不确定、不良反应大以及可能对养殖业、人体健康造成危害或者存在潜在风险的;

(二)来自疫区可能造成疫病在中国境内传播的兽用生物制品;

(三)经考查生产条件不符合规定的;

(四)国务院兽医行政管理部门禁止生产、经营和使用的。

第三十七条　向中国境外出口兽药,进口方要求提供兽药出口证明文件的,国务院兽医行政管理部门或者企业所在地的省、自治区、直辖市人民政府兽医行政管理部门可以出具出口兽药证明文件。

国内防疫急需的疫苗,国务院兽医行政管理部门可以限制或者禁止出口。

第六章　兽药使用

第三十八条　兽药使用单位,应当遵守国务院兽医行政管理部门制定的兽药安全使用规定,并建立用药记录。

第三十九条　禁止使用假、劣兽药以及国务院兽医行政管理部门规定禁止使用的药品和其他化合物。禁止使用的药品和其他化合物目录由国务院兽医行政管理部门制定公布。

第四十条　有休药期规定的兽药用于食用动物时,饲养者应当向购买者或者屠宰者提供准确、真实的用药记录;购买者或者屠宰者应当确保动物及其产品在用药期、休药期内不被用于食品消费。

第四十一条　国务院兽医行政管理部门,负责制定公布在饲料中允许添加的药物饲料添加剂品种目录。

禁止在饲料和动物饮用水中添加激素类药品和国务院兽医行政管理部门规定的其他禁用药品。

经批准可以在饲料中添加的兽药,应当由兽药生产企业制成药物饲料添加剂后方可添加。禁止将原料药直接添加到饲料及动物饮用水中或者直接饲喂动物。

禁止将人用药品用于动物。

第四十二条　国务院兽医行政管理部门,应当制定并组织实施国家动物及动物产品兽药残留监控计划。

县级以上人民政府兽医行政管理部门,负责组织对动物产品中兽药残留量的检测。兽药残留检测结果,由国务院兽医行政管理部门或者省、自治区、直辖市人民政府兽医行政管理部门按照权限予以公布。

动物产品的生产者、销售者对检测结果有异议的,可以自收到检测结果之日起7个工作日内向组织实施兽药残留检测的兽医行政管理部门或者其上级兽医行政管理部门提出申请,由受理申请的兽医行政管理部门指定检验机构进行复检。

兽药残留限量标准和残留检测方法,由国务院兽医行政管理部门制定发布。

第四十三条　禁止销售含有违禁药物或者兽药残留量超过标准的食用动物产品。

第七章　兽药监督管理

第四十四条　县级以上人民政府兽医行政管理部门行使兽药监督管理权。

兽药检验工作由国务院兽医行政管理部门和省、自治区、直辖市人民政府兽医行政管理部门设立的兽药检验机构承担。国务院兽医行政管理部门,可以根据需要认定其他检验机构承担兽药检验工作。

当事人对兽药检验结果有异议的,可以自收到检验结果之日起7个工作日内向实施检验的机构或者上级兽医行政管理部门设立的检验机构申请复检。

第四十五条　兽药应当符合兽药国家标准。

国家兽药典委员会拟定的、国务院兽医行政管理部门发布的《中华人民共和国兽药典》和国务院兽医行政管理部门发布的其他兽药质量标准为兽药国家标准。

兽药国家标准的标准品和对照品的标定工作由国务院兽医行政管理部门设立的兽药检验机构负责。

第四十六条　兽医行政管理部门依法进行监督检查时,对有证据证明可能是假、劣兽药的,应当采取查封、扣押的行政强制措施,并自采取行政强制措施之日起7个工作日内作出是否立案的决定;需要检验的,应当自检验报告书发出之日起15个工作日内作出是否立案的决定;不符合立案条件的,应当解除行政强制措施;需要暂停生产、经营和使用的,由国务院兽医行政管理部门或者省、自治区、直辖市人民政府兽医行政管理部门按照权限作出决定。

未经行政强制措施决定机关或者其上级机关批准,不得擅自转移、使用、销毁、销售被查封或者扣押的兽药及有关材料。

第四十七条 有下列情形之一的,为假兽药:

(一)以非兽药冒充兽药或者以他种兽药冒充此种兽药的;

(二)兽药所含成分的种类、名称与兽药国家标准不符合的。

有下列情形之一的,按照假兽药处理:

(一)国务院兽医行政管理部门规定禁止使用的;

(二)依照本条例规定应当经审查批准而未经审查批准即生产、进口的,或者依照本条例规定应当经抽查检验、审查核对而未经抽查检验、审查核对即销售、进口的;

(三)变质的;

(四)被污染的;

(五)所标明的适应症或者功能主治超出规定范围的。

第四十八条 有下列情形之一的,为劣兽药:

(一)成分含量不符合兽药国家标准或者不标明有效成分的;

(二)不标明或者更改有效期或者超过有效期的;

(三)不标明或者更改产品批号的;

(四)其他不符合兽药国家标准,但不属于假兽药的。

第四十九条 禁止将兽用原料药拆零销售或者销售给兽药生产企业以外的单位和个人。

禁止未经兽医开具处方销售、购买、使用国务院兽医行政管理部门规定实行处方药管理的兽药。

第五十条 国家实行兽药不良反应报告制度。

兽药生产企业、经营企业、兽药使用单位和开具处方的兽医人员发现可能与兽药使用有关的严重不良反应,应当立即向所在地人民政府兽医行政管理部门报告。

第五十一条 兽药生产企业、经营企业停止生产、经营超过 6 个月或者关闭的,由原发证机关责令其交回兽药生产许可证、兽药经营许可证,并由工商行政管理部门变更或者注销其工商登记。

第五十二条　禁止买卖、出租、出借兽药生产许可证、兽药经营许可证和兽药批准证明文件。

第五十三条　兽药评审检验的收费项目和标准,由国务院财政部门会同国务院价格主管部门制定,并予以公告。

第五十四条　各级兽医行政管理部门、兽药检验机构及其工作人员,不得参与兽药生产、经营活动,不得以其名义推荐或者监制、监销兽药。

第八章　法律责任

第五十五条　兽医行政管理部门及其工作人员利用职务上的便利收取他人财物或者谋取其他利益,对不符合法定条件的单位和个人核发许可证、签署审查同意意见,不履行监督职责,或者发现违法行为不予查处,造成严重后果,构成犯罪的,依法追究刑事责任;尚不构成犯罪的,依法给予行政处分。

第五十六条　违反本条例规定,无兽药生产许可证、兽药经营许可证生产、经营兽药的,或者虽有兽药生产许可证、兽药经营许可证,生产、经营假、劣兽药的,或者兽药经营企业经营人用药品的,责令其停止生产、经营,没收用于违法生产的原料、辅料、包装材料及生产、经营的兽药和违法所得,并处违法生产、经营的兽药(包括已出售的和未出售的兽药,下同)货值金额 2 倍以上 5 倍以下罚款,货值金额无法查证核实的,处 10 万元以上 20 万元以下罚款;无兽药生产许可证生产兽药,情节严重的,没收其生产设备;生产、经营假、劣兽药,情节严重的,吊销兽药生产许可证、兽药经营许可证;构成犯罪的,依法追究刑事责任;给他人造成损失的,依法承担赔偿责任。生产、经营企业的主要负责人和直接负责的主管人员终身不得从事兽药的生产、经营活动。

擅自生产强制免疫所需兽用生物制品的,按照无兽药生产许可证生产兽药处罚。

第五十七条 违反本条例规定,提供虚假的资料、样品或者采取其他欺骗手段取得兽药生产许可证、兽药经营许可证或者兽药批准证明文件的,吊销兽药生产许可证、兽药经营许可证或者撤销兽药批准证明文件,并处 5 万元以上 10 万元以下罚款;给他人造成损失的,依法承担赔偿责任。其主要负责人和直接负责的主管人员终身不得从事兽药的生产、经营和进出口活动。

第五十八条 买卖、出租、出借兽药生产许可证、兽药经营许可证和兽药批准证明文件的,没收违法所得,并处 1 万元以上 10 万元以下罚款;情节严重的,吊销兽药生产许可证、兽药经营许可证或者撤销兽药批准证明文件;构成犯罪的,依法追究刑事责任;给他人造成损失的,依法承担赔偿责任。

第五十九条 违反本条例规定,兽药安全性评价单位、临床试验单位、生产和经营企业未按照规定实施兽药研究试验、生产、经营质量管理规范的,给予警告,责令其限期改正;逾期不改正的,责令停止兽药研究试验、生产、经营活动,并处 5 万元以下罚款;情节严重的,吊销兽药生产许可证、兽药经营许可证;给他人造成损失的,依法承担赔偿责任。

违反本条例规定,研制新兽药不具备规定的条件擅自使用一类病原微生物或者在实验室阶段前未经批准的,责令其停止实验,并处 5 万元以上 10 万元以下罚款;构成犯罪的,依法追究刑事责任;给他人造成损失的,依法承担赔偿责任。

第六十条 违反本条例规定,兽药的标签和说明书未经批准的,责令其限期改正;逾期不改正的,按照生产、经营假兽药处罚;有兽药产品批准文号的,撤销兽药产品批准文号;给他人造成损失的,依法承担赔偿责任。

兽药包装上未附有标签和说明书,或者标签和说明书与批准的内容不一致的,责令其限期改正;情节严重的,依照前款规定处罚。

第六十一条 违反本条例规定,境外企业在中国直接销售兽药的,责令其限期改正,没收直接销售的兽药和违法所得,并处 5 万元以上 10 万元以下罚款;情节严重的,吊销进口兽药注册证书;给他人造成损失的,依法承担赔偿责任。

第六十二条　违反本条例规定,未按照国家有关兽药安全使用规定使用兽药的、未建立用药记录或者记录不完整真实的,或者使用禁止使用的药品和其他化合物的,或者将人用药品用于动物的,责令其立即改正,并对饲喂了违禁药物及其他化合物的动物及其产品进行无害化处理;对违法单位处 1 万元以上 5 万元以下罚款;给他人造成损失的,依法承担赔偿责任。

第六十三条　违反本条例规定,销售尚在用药期、休药期内的动物及其产品用于食品消费的,或者销售含有违禁药物和兽药残留超标的动物产品用于食品消费的,责令其对含有违禁药物和兽药残留超标的动物产品进行无害化处理,没收违法所得,并处 3 万元以上 10 万元以下罚款;构成犯罪的,依法追究刑事责任;给他人造成损失的,依法承担赔偿责任。

第六十四条　违反本条例规定,擅自转移、使用、销毁、销售被查封或者扣押的兽药及有关材料的,责令其停止违法行为,给予警告,并处 5 万元以上 10 万元以下罚款。

第六十五条　违反本条例规定,兽药生产企业、经营企业、兽药使用单位和开具处方的兽医人员发现可能与兽药使用有关的严重不良反应,不向所在地人民政府兽医行政管理部门报告的,给予警告,并处 5 000 元以上 1 万元以下罚款。

生产企业在新兽药监测期内不收集或者不及时报送该新兽药的疗效、不良反应等资料的,责令其限期改正,并处 1 万元以上 5 万元以下罚款;情节严重的,撤销该新兽药的产品批准文号。

第六十六条　违反本条例规定,未经兽医开具处方销售、购买、使用兽用处方药的,责令其限期改正,没收违法所得,并处 5 万元以下罚款;给他人造成损失的,依法承担赔偿责任。

第六十七条　违反本条例规定,兽药生产、经营企业把原料药销售给兽药生产企业以外的单位和个人的,或者兽药经营企业拆零销售原料药的,责令其立即改正,给予警告,没收违法所得,并处 2 万元以上 5 万元以下罚款;情节严重的,吊销兽药生产许可证、兽药经营许可证;给他人造成损失的,依法承担赔偿责任。

第六十八条　违反本条例规定,在饲料和动物饮用水中添加激素类药品和国务院兽医行政管理部门规定的其他禁用药品,依照《饲料和饲料添加剂管理条例》的有关规定处罚;直接将原料药添加到饲料及动物饮用水中,或者饲喂动物的,责令其立即改正,并处 1 万元以上 3 万元以下罚款;给他人造成损失的,依法承担赔偿责任。

第六十九条　有下列情形之一的,撤销兽药的产品批准文号或者吊销进口兽药注册证书:

(一)抽查检验连续 2 次不合格的;

(二)药效不确定、不良反应大以及可能对养殖业、人体健康造成危害或者存在潜在风险的;

(三)国务院兽医行政管理部门禁止生产、经营和使用的兽药。

被撤销产品批准文号或者被吊销进口兽药注册证书的兽药,不得继续生产、进口、经营和使用。已经生产、进口的,由所在地兽医行政管理部门监督销毁,所需费用由违法行为人承担;给他人造成损失的,依法承担赔偿责任。

第七十条　本条例规定的行政处罚由县级以上人民政府兽医行政管理部门决定;其中吊销兽药生产许可证、兽药经营许可证、撤销兽药批准证明文件或者责令停止兽药研究试验的,由原发证、批准部门决定。

上级兽医行政管理部门对下级兽医行政管理部门违反本条例的行政行为,应当责令限期改正;逾期不改正的,有权予以改变或者撤销。

第七十一条　本条例规定的货值金额以违法生产、经营兽药的标价计算;没有标价的,按照同类兽药的市场价格计算。

第九章　附　则

第七十二条　本条例下列用语的含义是：

（一）兽药，是指用于预防、治疗、诊断动物疾病或者有目的地调节动物生理机能的物质（含药物饲料添加剂），主要包括：血清制品、疫苗、诊断制品、微生态制品、中药材、中成药、化学药品、抗生素、生化药品、放射性药品及外用杀虫剂、消毒剂等。

（二）兽用处方药，是指凭兽医处方方可购买和使用的兽药。

（三）兽用非处方药，是指由国务院兽医行政管理部门公布的、不需要凭兽医处方就可以自行购买并按照说明书使用的兽药。

（四）兽药生产企业，是指专门生产兽药的企业和兼产兽药的企业，包括从事兽药分装的企业。

（五）兽药经营企业，是指经营兽药的专营企业或者兼营企业。

（六）新兽药，是指未曾在中国境内上市销售的兽用药品。

（七）兽药批准证明文件，是指兽药产品批准文号、进口兽药注册证书、允许进口兽用生物制品证明文件、出口兽药证明文件、新兽药注册证书等文件。

第七十三条　兽用麻醉药品、精神药品、毒性药品和放射性药品等特殊药品，依照国家有关规定管理。

第七十四条　水产养殖中的兽药使用、兽药残留检测和监督管理以及水产养殖过程中违法用药的行政处罚，由县级以上人民政府渔业主管部门及其所属的渔政监督管理机构负责。

第七十五条　本条例自 2004 年 11 月 1 日起施行。

中华人民共和国农业部公告

第 278 号

为加强兽药使用管理,保证动物性产品质量安全,根据《兽药管理条例》规定,我部组织制订了兽药国家标准和专业标准中部分品种的停药期规定(附件 1),并确定了部分不需制订停药期规定的品种(附件 2),现予公告。

本公告自发布之日起执行。以前发布过的与本公告同品种兽药停药期不一致的,以本公告为准。

附件 1.兽药停药期规定

附件 2.不需制订停药期的兽药品种

二〇〇三年五月二十二日

附件 1

停药期规定

	兽药名称	执行标准	停药期
1	乙酰甲喹片	兽药规范 1992 版	牛、猪 35 日
2	二氢吡啶	部颁标准	牛、肉鸡 7 日,弃奶期 7 日
3	二硝托胺预混剂	兽药典 2000 版	鸡 3 日,产蛋期禁用
4	土霉素片	兽药典 2000 版	牛、羊、猪 7 日,禽 5 日,弃蛋期 2 日,弃奶期 3 日
5	土霉素注射液	部颁标准	牛、羊、猪 28 日,弃奶期 7 日
6	马杜霉素预混剂	部颁标准	鸡 5 日,产蛋期禁用
7	双甲脒溶液	兽药典 2000 版	牛、羊 21 日,猪 8 日,弃奶期 48 小时,禁用于产奶羊
8	巴胺磷溶液	部颁标准	羊 14 日

续表

	兽药名称	执行标准	停药期
9	水杨酸钠注射液	兽药规范1965版	牛0日,弃奶期48小时
10	四环素片	兽药典1990版	牛12日、猪10日、鸡4日,产蛋期禁用,产奶期禁用
11	甲砜霉素片	部颁标准	28日,弃奶期7日
12	甲砜霉素散	部颁标准	28日,弃奶期7日,鱼500度日
13	甲基前列腺素F_{2a}注射液	部颁标准	牛1日,猪1日,羊1日
14	甲硝唑片	兽药典2000版	牛28日
15	甲磺酸达氟沙星注射液	部颁标准	猪25日
16	甲磺酸达氟沙星粉	部颁标准	鸡5日,产蛋鸡禁用
17	甲磺酸达氟沙星溶液	部颁标准	鸡5日,产蛋鸡禁用
18	甲磺酸培氟沙星可溶性粉	部颁标准	28日,产蛋鸡禁用
19	甲磺酸培氟沙星注射液	部颁标准	28日,产蛋鸡禁用
20	甲磺酸培氟沙星颗粒	部颁标准	28日,产蛋鸡禁用
21	亚硒酸钠维生素E注射液	兽药典2000版	牛、羊、猪28日
22	亚硒酸钠维生素E预混剂	兽药典2000版	牛、羊、猪28日
23	亚硫酸氢钠甲萘醌注射液	兽药典2000版	0日
24	伊维菌素注射液	兽药典2000版	牛、羊35日,猪28日,泌乳期禁用
25	吉他霉素片	兽药典2000版	猪、鸡7日,产蛋期禁用
26	吉他霉素预混剂	部颁标准	猪、鸡7日,产蛋期禁用
27	地西泮注射液	兽药典2000版	28日
28	地克珠利预混剂	部颁标准	鸡5日,产蛋期禁用
29	地克珠利溶液	部颁标准	鸡5日,产蛋期禁用
30	地美硝唑预混剂	兽药典2000版	猪、鸡28日,产蛋期禁用
31	地塞米松磷酸钠注射液	兽药典2000版	牛、羊、猪21日,弃奶期3日
32	安乃近片	兽药典2000版	牛、羊、猪28日,弃奶期7日
33	安乃近注射液	兽药典2000版	牛、羊、猪28日,弃奶期7日
34	安钠咖注射液	兽药典2000版	牛、羊、猪28日,弃奶期7日
35	那西肽预混剂	部颁标准	鸡7日,产蛋期禁用
36	吡喹酮片	兽药典2000版	28日,弃奶期7日

续表

	兽药名称	执行标准	停药期
37	芬苯哒唑片	兽药典 2000 版	牛、羊 21 日,猪 3 日,弃奶期 7 日
38	芬苯哒唑粉(苯硫苯咪唑粉剂)	兽药典 2000 版	牛、羊 14 日,猪 3 日,弃奶期 5 日
39	苄星邻氯青霉素注射液	部颁标准	牛 28 日,产犊后 4 日禁用,泌乳期禁用
40	阿司匹林片	兽药典 2000 版	0 日
41	阿苯达唑片	兽药典 2000 版	牛 14 日,羊 4 日,猪 7 日,禽 4 日,弃奶期 60 小时
42	阿莫西林可溶性粉	部颁标准	鸡 7 日,产蛋鸡禁用
43	阿维菌素片	部颁标准	羊 35 日,猪 28 日,泌乳期禁用
44	阿维菌素注射液	部颁标准	羊 35 日,猪 28 日,泌乳期禁用
45	阿维菌素粉	部颁标准	羊 35 日,猪 28 日,泌乳期禁用
46	阿维菌素胶囊	部颁标准	羊 35 日,猪 28 日,泌乳期禁用
47	阿维菌素透皮溶液	部颁标准	牛、猪 42 日,泌乳期禁用
48	乳酸环丙沙星可溶性粉	部颁标准	禽 8 日,产蛋鸡禁用
49	乳酸环丙沙星注射液	部颁标准	牛 14 日,猪 10 日,禽 28 日,弃奶期 84 小时
50	乳酸诺氟沙星可溶性粉	部颁标准	禽 8 日,产蛋鸡禁用
51	注射用三氮脒	兽药典 2000 版	28 日,弃奶期 7 日
52	注射用苄星青霉素(注射用苄星青霉素 G)	兽药规范 1978 版	牛、羊 4 日,猪 5 日,弃奶期 3 日
53	注射用乳糖酸红霉素	兽药典 2000 版	牛 14 日,羊 3 日,猪 7 日,弃奶期 3 日
54	注射用苯巴比妥钠	兽药典 2000 版	28 日,弃奶期 7 日
55	注射用苯唑西林钠	兽药典 2000 版	牛、羊 14 日,猪 5 日,弃奶期 3 日
56	注射用青霉素钠	兽药典 2000 版	0 日,弃奶期 3 日
57	注射用青霉素钾	兽药典 2000 版	0 日,弃奶期 3 日
58	注射用氨苄青霉素钠	兽药典 2000 版	牛 6 日,猪 15 日,弃奶期 48 小时
59	注射用盐酸土霉素	兽药典 2000 版	牛、羊、猪 8 日,弃奶期 48 小时
60	注射用盐酸四环素	兽药典 2000 版	牛、羊、猪 8 日,弃奶期 48 小时

续表

	兽药名称	执行标准	停药期
61	注射用酒石酸泰乐菌素	部颁标准	牛 28 日,猪 21 日,弃奶期 96 小时
62	注射用喹嘧胺	兽药典 2000 版	28 日,弃奶期 7 日
63	注射用氯唑西林钠	兽药典 2000 版	牛 10 日,弃奶期 2 日
64	注射用硫酸双氢链霉素	兽药典 90 版	牛、羊、猪 18 日,弃奶期 72 小时
65	注射用硫酸卡那霉素	兽药典 2000 版	28 日,弃奶期 7 日
66	注射用硫酸链霉素	兽药典 2000 版	牛、羊、猪 18 日,弃奶期 72 小时
67	环丙氨嗪预混剂(1%)	部颁标准	鸡 3 日
68	苯丙酸诺龙注射液	兽药典 2000 版	28 日,弃奶期 7 日
69	苯甲酸雌二醇注射液	兽药典 2000 版	28 日,弃奶期 7 日
70	复方水杨酸钠注射液	兽药规范 1978 版	28 日,弃奶期 7 日
71	复方甲苯咪唑粉	部颁标准	鳗 150 度日
72	复方阿莫西林粉	部颁标准	鸡 7 日,产蛋期禁用
73	复方氨苄西林片	部颁标准	鸡 7 日,产蛋期禁用
74	复方氨苄西林粉	部颁标准	鸡 7 日,产蛋期禁用
75	复方氨基比林注射液	兽药典 2000 版	28 日,弃奶期 7 日
76	复方磺胺对甲氧嘧啶片	兽药典 2000 版	28 日,弃奶期 7 日
77	复方磺胺对甲氧嘧啶钠注射液	兽药典 2000 版	28 日,弃奶期 7 日
78	复方磺胺甲噁唑片	兽药典 2000 版	28 日,弃奶期 7 日
79	复方磺胺氯哒嗪钠粉	部颁标准	猪 4 日,鸡 2 日,产蛋期禁用
80	复方磺胺嘧啶钠注射液	兽药典 2000 版	牛、羊 12 日,猪 20 日,弃奶期 48 小时
81	枸橼酸乙胺嗪片	兽药典 2000 版	28 日,弃奶期 7 日
82	枸橼酸哌嗪片	兽药典 2000 版	牛、羊 28 日,猪 21 日,禽 14 日
83	氟苯尼考注射液	部颁标准	猪 14 日,鸡 28 日,鱼 375 度日
84	氟苯尼考粉	部颁标准	猪 20 日,鸡 5 日,鱼 375 度日
85	氟苯尼考溶液	部颁标准	鸡 5 日,产蛋期禁用
86	氟胺氰菊酯条	部颁标准	流蜜期禁用
87	氢化可的松注射液	兽药典 2000 版	0 日

续表

	兽药名称	执行标准	停药期
88	氢溴酸东莨菪碱注射液	兽药典 2000 版	28 日,弃奶期 7 日
89	洛克沙胂预混剂	部颁标准	5 日,产蛋期禁用
90	恩诺沙星片	兽药典 2000 版	鸡 8 日,产蛋鸡禁用
91	恩诺沙星可溶性粉	部颁标准	鸡 8 日,产蛋鸡禁用
92	恩诺沙星注射液	兽药典 2000 版	牛、羊 14 日,猪 10 日,兔 14 日
93	恩诺沙星溶液	兽药典 2000 版	禽 8 日,产蛋鸡禁用
94	氧阿苯达唑片	部颁标准	羊 4 日
95	氧氟沙星片 58	部颁标准	28 日,产蛋鸡禁用
96	氧氟沙星可溶性粉	部颁标准	28 日,产蛋鸡禁用
97	氧氟沙星注射液	部颁标准	28 日,弃奶期 7 日,产蛋鸡禁用
98	氧氟沙星溶液(碱性)	部颁标准	28 日,产蛋鸡禁用
99	氧氟沙星溶液(酸性)	部颁标准	28 日,产蛋鸡禁用
100	氨苯胂酸预混剂	部颁标准	5 日,产蛋鸡禁用
101	氨茶碱注射液	兽药典 2000 版	28 日,弃奶期 7 日
102	海南霉素钠预混剂	部颁标准	鸡 7 日,产蛋期禁用
103	烟酸诺氟沙星可溶性粉	部颁标准	28 日,产蛋鸡禁用
104	烟酸诺氟沙星注射液	部颁标准	28 日
105	烟酸诺氟沙星溶液	部颁标准	28 日,产蛋鸡禁用
106	盐酸二氟沙星片	部颁标准	鸡 1 日
107	盐酸二氟沙星注射液	部颁标准	猪 45 日
108	盐酸二氟沙星粉	部颁标准	鸡 1 日
109	盐酸二氟沙星溶液	部颁标准	鸡 1 日
110	盐酸大观霉素可溶性粉	兽药典 2000 版	鸡 5 日,产蛋期禁用
111	盐酸左旋咪唑	兽药典 2000 版	牛 2 日,羊 3 日,猪 3 日,禽 28 日,泌乳期禁用
112	盐酸左旋咪唑注射液	兽药典 2000 版	牛 14 日,羊 28 日,猪 28 日,泌乳期禁用
113	盐酸多西环素片	兽药典 2000 版	28 日
114	盐酸异丙嗪片	兽药典 2000 版	28 日

续表

	兽药名称	执行标准	停药期
115	盐酸异丙嗪注射液	兽药典 2000 版	28 日,弃奶期 7 日
116	盐酸沙拉沙星可溶性粉	部颁标准	鸡 0 日,产蛋期禁用
117	盐酸沙拉沙星注射液	部颁标准	猪 0 日,鸡 0 日,产蛋期禁用
118	盐酸沙拉沙星溶液	部颁标准	鸡 0 日,产蛋期禁用
119	盐酸沙拉沙星片	部颁标准	鸡 0 日,产蛋期禁用
120	盐酸林可霉素片	兽药典 2000 版	猪 6 日
121	盐酸林可霉素注射液	兽药典 2000 版	猪 2 日
122	盐酸环丙沙星、盐酸小檗碱预混剂	部颁标准	500 度日
123	盐酸环丙沙星可溶性粉	部颁标准	28 日,产蛋鸡禁用
124	盐酸环丙沙星注射液	部颁标准	28 日,产蛋鸡禁用
125	盐酸苯海拉明注射液	兽药典 2000 版	28 日,弃奶期 7 日
126	盐酸洛美沙星片	部颁标准	28 日,弃奶期 7 日,产蛋鸡禁用
127	盐酸洛美沙星可溶性粉	部颁标准	28 日,产蛋鸡禁用
128	盐酸洛美沙星注射液	部颁标准	28 日,弃奶期 7 日
129	盐酸氨丙啉、乙氧酰胺苯甲酯、磺胺喹噁啉预混剂	兽药典 2000 版	鸡 10 日,产蛋鸡禁用
130	盐酸氨丙啉、乙氧酰胺苯甲酯预混剂	兽药典 2000 版	鸡 3 日,产蛋期禁用
131	盐酸氯丙嗪片	兽药典 2000 版	28 日,弃奶期 7 日
132	盐酸氯丙嗪注射液	兽药典 2000 版	28 日,弃奶期 7 日
133	盐酸氯苯胍片	兽药典 2000 版	鸡 5 日,兔 7 日,产蛋期禁用
134	盐酸氯苯胍预混剂	兽药典 2000 版	鸡 5 日,兔 7 日,产蛋期禁用
135	盐酸氯胺酮注射液	兽药典 2000 版	28 日,弃奶期 7 日
136	盐酸赛拉唑注射液	兽药典 2000 版	28 日,弃奶期 7 日
137	盐酸赛拉嗪注射液	兽药典 2000 版	牛、羊 14 日,鹿 15 日
138	盐霉素钠预混剂	兽药典 2000 版	鸡 5 日,产蛋期禁用
139	诺氟沙星、盐酸小檗碱预混剂	部颁标准	500 度日
140	酒石酸吉他霉素可溶性粉	兽药典 2000 版	鸡 7 日,产蛋期禁用

续表

	兽药名称	执行标准	停药期
141	酒石酸泰乐菌素可溶性粉	兽药典 2000 版	鸡 1 日,产蛋期禁用
142	维生素 B$_{12}$ 注射液	兽药典 2000 版	0 日
143	维生素 B$_1$ 片	兽药典 2000 版	0 日
144	维生素 B$_1$ 注射液	兽药典 2000 版	0 日
145	维生素 B$_2$ 片	兽药典 2000 版	0 日
146	维生素 B$_2$ 注射液	兽药典 2000 版	0 日
147	维生素 B$_6$ 片	兽药典 2000 版	0 日
148	维生素 B$_6$ 注射液	兽药典 2000 版	0 日
149	维生素 C 片	兽药典 2000 版	0 日
150	维生素 C 注射液	兽药典 2000 版	0 日
151	维生素 C 磷酸酯镁、盐酸环丙沙星预混剂	部颁标准	500 度日
152	维生素 D$_3$ 注射液	兽药典 2000 版	28 日,弃奶期 7 日
153	维生素 E 注射液	兽药典 2000 版	牛、羊、猪 28 日
154	维生素 K$_1$ 注射液	兽药典 2000 版	0 日
155	喹乙醇预混剂	兽药典 2000 版	猪 35 日,禁用于禽、鱼、35 kg 以上的猪
156	奥芬达唑片(苯亚砜哒唑)	兽药典 2000 版	牛、羊、猪 7 日,产奶期禁用
157	普鲁卡因青霉素注射液	兽药典 2000 版	牛 10 日,羊 9 日,猪 7 日,弃奶期 48 小时
158	氯羟吡啶预混剂	兽药典 2000 版	鸡 5 日,兔 5 日,产蛋期禁用
159	氯氰碘柳胺钠注射液	部颁标准	28 日,弃奶期 28 日
160	氯硝柳胺片	兽药典 2000 版	牛、羊 28 日
161	氰戊菊酯溶液	部颁标准	28 日
162	硝氯酚片	兽药典 2000 版	28 日
163	硝碘酚腈注射液(克虫清)	部颁标准	羊 30 日,弃奶期 5 日
164	硫氰酸红霉素可溶性粉	兽药典 2000 版	鸡 3 日,产蛋期禁用
165	硫酸卡那霉素注射液(单硫酸盐)	兽药典 2000 版	28 日
166	硫酸安普霉素可溶性粉	部颁标准	猪 21 日,鸡 7 日,产蛋期禁用

续表

	兽药名称	执行标准	停药期
167	硫酸安普霉素预混剂	部颁标准	猪 21 日
168	硫酸庆大-小诺霉素注射液	部颁标准	猪、鸡 40 日
169	硫酸庆大霉素注射液	兽药典 2000 版	猪 40 日
170	硫酸黏菌素可溶性粉	部颁标准	7 日,产蛋期禁用
171	硫酸黏菌素预混剂	部颁标准	7 日,产蛋期禁用
172	硫酸新霉素可溶性粉	兽药典 2000 版	鸡 5 日,火鸡 14 日,产蛋期禁用
173	越霉素 A 预混剂	部颁标准	猪 15 日,鸡 3 日,产蛋期禁用
174	碘硝酚注射液	部颁标准	羊 90 日,弃奶期 90 日
175	碘醚柳胺混悬液	兽药典 2000 版	牛、羊 60 日,泌乳期禁用
176	精制马拉硫磷溶液	部颁标准	28 日
177	精制敌百虫片	兽药规范 1992 版	28 日
178	蝇毒磷溶液	部颁标准	28 日
179	醋酸地塞米松片	兽药典 2000 版	马、牛 0 日
180	醋酸泼尼松片	兽药典 2000 版	0 日
181	醋酸氟孕酮阴道海绵	部颁标准	羊 30 日,泌乳期禁用
182	醋酸氢化可的松注射液	兽药典 2000 版	0 日
183	磺胺二甲嘧啶片	兽药典 2000 版	牛 10 日,猪 15 日,禽 10 日
184	磺胺二甲嘧啶钠注射液	兽药典 2000 版	28 日
185	磺胺对甲氧嘧啶,二甲氧苄氨嘧啶片	兽药规范 1992 版	28 日
186	磺胺对甲氧嘧啶、二甲氧苄氨嘧啶预混剂	兽药典 1990 版	28 日,产蛋期禁用
187	磺胺对甲氧嘧啶片	兽药典 2000 版	28 日
188	磺胺甲噁唑片	兽药典 2000 版	28 日
189	磺胺间甲氧嘧啶片	兽药典 2000 版	28 日
190	磺胺间甲氧嘧啶钠注射液	兽药典 2000 版	28 日
191	磺胺脒片	兽药典 2000 版	28 日
192	磺胺喹噁啉、二甲氧苄氨嘧啶预混剂	兽药典 2000 版	鸡 10 日,产蛋期禁用
193	磺胺喹噁啉钠可溶性粉	兽药典 2000 版	鸡 10 日,产蛋期禁用

续表

	兽药名称	执行标准	停药期
194	磺胺氯吡嗪钠可溶性粉	部颁标准	火鸡 4 日、肉鸡 1 日,产蛋期禁用
195	磺胺嘧啶片	兽药典 2000 版	牛 28 日
196	磺胺嘧啶钠注射液	兽药典 2000 版	牛 10 日,羊 18 日,猪 10 日,弃奶期 3 日
197	磺胺噻唑片	兽药典 2000 版	28 日
198	磺胺噻唑钠注射液	兽药典 2000 版	28 日
199	磷酸左旋咪唑片	兽药典 1990 版	牛 2 日,羊 3 日,猪 3 日,禽 28 日,泌乳期禁用
200	磷酸左旋咪唑注射液	兽药典 1990 版	牛 14 日,羊 28 日,猪 28 日,泌乳期禁用
201	磷酸哌嗪片(驱蛔灵片)	兽药典 2000 版	牛、羊 28 日、猪 21 日,禽 14 日
202	磷酸泰乐菌素预混剂	部颁标准	鸡、猪 5 日

附件 2   **不需要制订停药期的兽药品种**

	兽药名称	标准来源
1	乙酰胺注射液	兽药典 2000 版
2	二甲硅油	兽药典 2000 版
3	二巯丙磺钠注射液	兽药典 2000 版
4	三氯异氰脲酸粉	部颁标准
5	大黄碳酸氢钠片	兽药规范 1992 版
6	山梨醇注射液	兽药典 2000 版
7	马来酸麦角新碱注射液	兽药典 2000 版
8	马来酸氯苯那敏片	兽药典 2000 版
9	马来酸氯苯那敏注射液	兽药典 2000 版
10	双氢氯噻嗪片	兽药规范 1978 版
11	月苄三甲氯铵溶液	部颁标准
12	止血敏注射液	兽药规范 1978 版
13	水杨酸软膏	兽药规范 1965 版
14	丙酸睾酮注射液	兽药典 2000 版

续表

	兽药名称	标准来源
15	右旋糖酐铁钴液射液(铁钴针注射液)	兽药规范 1978 版
16	右旋糖酐 40 氯化钠注射液	兽药典 2000 版
17	右旋糖酐 40 葡萄糖注射液	兽药典 2000 版
18	右旋糖酐 70 氯化钠注射液	兽药典 2000 版
19	叶酸片	兽药典 2000 版
20	四环素醋酸可的松眼膏	兽药规范 1978 版
21	对乙酰氨基酚片	兽药典 2000 版
22	对乙酰氨基酚注射液	兽药典 2000 版
23	尼可刹米注射液	兽药典 2000 版
24	甘露醇注射液	兽药典 2000 版
25	甲基硫酸新斯的明注射液	兽药规范 1965 版
26	亚硝酸钠注射液	兽药典 2000 版
28	安络血注射液	兽药规范 1992 版
29	次硝酸铋(碱式硝酸铋)	兽药典 2000 版
30	次碳酸铋(碱式碳酸铋)	兽药典 2000 版
31	呋塞米片	兽药典 2000 版
32	呋塞米注射液	兽药典 2000 版
33	辛氨乙甘酸溶液	部颁标准
34	乳酸钠注射液	兽药典 2000 版
35	注射用异戊巴比妥钠	兽药典 2000 版
36	注射用血促性素	兽药规范 1992 版
37	注射用抗血促性素血清	部颁标准
38	注射用垂体促黄体素	兽药规范 1978 版
39	注射用促黄体素释放激素 A_2	部颁标准
40	注射用促黄体素释放激素 A_3	部颁标准
41	注射用绒促性素	兽药典 2000 版
42	注射用硫代硫酸钠	兽药规范 1965 版
43	注射用解磷定	兽药规范 1965 版
44	苯扎溴铵溶液	兽药典 2000 版

续表

	兽药名称	标准来源
45	青蒿琥酯片	部颁标准
46	鱼石脂软膏	兽药规范 1978 版
47	复方氯化钠注射液	兽药典 2000 版
48	复方氯胺酮注射液	部颁标准
49	复方磺胺噻唑软膏	兽药规范 1978 版
50	复合维生素 B 注射液	兽药规范 1978 版
51	宫炎清溶液	部颁标准
52	枸橼酸钠注射液	兽药规范 1992 版
53	毒毛花苷 K 注射液	兽药典 2000 版
54	氢氯噻嗪片	兽药典 2000 版
55	洋地黄毒甙注射液	兽药规范 1978 版
56	浓氯化钠注射液	兽药典 2000 版
57	重酒石酸去甲肾上腺素注射液	兽药典 2000 版
58	烟酰胺片	兽药典 2000 版
59	烟酰胺注射液	兽药典 2000 版
60	烟酸片	兽药典 2000 版
61	盐酸大观霉素、盐酸林可霉素可溶性粉	兽药典 2000 版
62	盐酸利多卡因注射液	兽药典 2000 版
63	盐酸肾上腺素注射液	兽药规范 1978 版
64	盐酸甜菜碱预混剂	部颁标准
65	盐酸麻黄碱注射液	兽药规范 1978 版
66	萘普生注射液	兽药典 2000 版
67	酚磺乙胺注射液	兽药典 2000 版
68	黄体酮注射液	兽药典 2000 版
69	氯化胆碱溶液	部颁标准
70	氯化钙注射液	兽药典 2000 版
71	氯化钙葡萄糖注射液	兽药典 2000 版
72	氯化氨甲酰甲胆碱注射液	兽药典 2000 版
73	氯化钾注射液	兽药典 2000 版

续表

	兽药名称	标准来源
74	氯化琥珀胆碱注射液	兽药典 2000 版
75	氯甲酚溶液	部颁标准
76	硫代硫酸钠注射液	兽药典 2000 版
77	硫酸新霉素软膏	兽药规范 1978 版
78	硫酸镁注射液	兽药典 2000 版
79	葡萄糖酸钙注射液	兽药典 2000 版
80	溴化钙注射液	兽药规范 1978 版
81	碘化钾片	兽药典 2000 版
82	碱式碳酸铋片	兽药典 2000 版
83	碳酸氢钠片	兽药典 2000 版
84	碳酸氢钠注射液	兽药典 2000 版
85	醋酸泼尼松眼膏	兽药典 2000 版
86	醋酸氟轻松软膏	兽药典 2000 版
87	硼葡萄糖酸钙注射液	部颁标准
88	输血用枸橼酸钠注射液	兽药规范 1978 版
89	硝酸士的宁注射液	兽药典 2000 版
90	醋酸可的松注射液	兽药典 2000 版
91	碘解磷定注射液	兽药典 2000 版
92	中药及中药成分制剂、维生素类、微量元素类、兽用消毒剂、生物制品类等五类产品(产品质量标准中有除外)	

中华人民共和国农业部公告

第 193 号

为保证动物源性食品安全,维护人民身体健康,根据《兽药管理条例》的规定,我部制定了《食品动物禁用的兽药及其他化合物清单》(以下简称《禁用清单》),现公告如下:

一、《禁用清单》序号 1～18 所列品种的原料药及其单方、复方制剂产品停止生产,已在兽药国家标准、农业部专业标准及兽药地方标准中收载的品种,废止其质量标准,撤销其产品批准文号;已在我国注册登记的进口兽药,废止其进口兽药质量标准,注销其《进口兽药登记许可证》。

二、截至 2002 年 5 月 15 日,《禁用清单》序号 1～18 所列品种的原料药及其单方、复方制剂产品停止经营和使用。

三、《禁用清单》序号 19～21 所列品种的原料药及其单方、复方制剂产品不准以抗应激、提高饲料报酬、促进动物生长为目的在食品动物饲养过程中使用。

二○○二年四月九日

食品动物禁用的兽药及其他化合物清单

序号	兽药及其他化合物名称	禁止用途	禁用动物
1	β-兴奋剂类:克仑特罗 Clenbuterol、沙丁胺醇 Salbutamol、西马特罗 Cimaterol 及其盐、酯及制剂	所有用途	所有食品动物
2	性激素类:己烯雌酚 Diethylstilbestrol 及其盐、酯及制剂	所有用途	所有食品动物
3	具有雌激素样作用的物质:玉米赤霉醇 Zeranol、去甲雄三烯醇酮 Trenbolone、醋酸甲孕酮 Mengestrol,Acetate 及制剂	所有用途	所有食品动物
4	氯霉素 Chloramphenicol、及其盐、酯(包括:琥珀氯霉素 Chloramphenicol Succinate)及制剂	所有用途	所有食品动物
5	氨苯砜 Dapsone 及制剂	所有用途	所有食品动物
6	硝基呋喃类:呋喃唑酮 Furazolidone、呋喃它酮 Furaltadone、呋喃苯烯酸钠 Nifurstyrenate sodium 及制剂	所有用途	所有食品动物

续表

序号	兽药及其他化合物名称	禁止用途	禁用动物
7	硝基化合物:硝基酚钠 Sodium nitrophenolate、硝呋烯腙 Nitrovin 及制剂	所有用途	所有食品动物
8	催眠、镇静类:安眠酮 Methaqualone 及制剂	所有用途	所有食品动物
9	林丹(丙体六六六)Lindane	杀虫剂	所有食品动物
10	毒杀芬(氯化烯)Camahechlor	杀虫剂、清塘剂	所有食品动物
11	呋喃丹(克百威)Carbofuran	杀虫剂	所有食品动物
12	杀虫脒(克死螨)Chlordimeform	杀虫剂	所有食品动物
13	双甲脒 Amitraz	杀虫剂	水生食品动物
14	酒石酸锑钾 Antimonypotassiumtartrate	杀虫剂	所有食品动物
15	锥虫胂胺 Tryparsamide	杀虫剂	所有食品动物
16	孔雀石绿 Malachitegreen	抗菌、杀虫剂	所有食品动物
17	五氯酚酸钠 Pentachlorophenolsodium	杀螺剂	所有食品动物
18	各种汞制剂包括:氯化亚汞(甘汞)Calomel,硝酸亚汞 Mercurous nitrate、醋酸汞 Mercurous acetate、吡啶基醋酸汞 Pyridyl mercurous acetate	杀虫剂	所有食品动物
19	性激素类:甲基睾丸酮 Methyltestosterone、丙酸睾酮 Testosterone Propionate、苯丙酸诺龙 Nandrolone Phenylpropionate、苯甲酸雌二醇 Estradiol Benzoate 及其盐、酯及制剂	促生长	所有食品动物
20	催眠、镇静类:氯丙嗪 Chlorpromazine、地西泮(安定)Diazepam 及其盐、酯及制剂	促生长	所有食品动物
21	硝基咪唑类:甲硝唑 Metronidazole、地美硝唑 Dimetronidazole 及其盐、酯及制剂	促生长	所有食品动物

注:食品动物是指各种供人食用或其产品供人食用的动物。

中华人民共和国农业部公告

第 235 号

为加强兽药残留监控工作,保证动物性食品卫生安全,根据《兽药管理条例》规定,我部组织修订了《动物性食品中兽药最高残留限量》,现予发布,请各地遵照执行。自发布之日起,原发布的《动物性食品中兽药最高残留限量》(农牧发[1999]17 号)同时废止。

附件:动物性食品中兽药最高残留限量注释

动物性食品中兽药最高残留限量由附录 1、附录 2、附录 3、附录 4 组成。

1.凡农业部批准使用的兽药,按质量标准、产品使用说明书规定用于食品动物,不需要制定最高残留限量的,见附录 1。

2.凡农业部批准使用的兽药,按质量标准、产品使用说明书规定用于食品动物,需要制定最高残留限量的,见附录 2。

3.凡农业部批准使用的兽药,按质量标准、产品使用说明书规定可以用于食品动物,但不得检出兽药残留的,见附录 3。

4.农业部明文规定禁止用于所有食品动物的兽药,见附录 4。

二○○二年十二月二十四日

附录 1　动物性食品允许使用,但不需要制定残留限量的药物

药物名称	动物种类	其他规定
Acetylsalicylic acid 乙酰水杨酸	牛、猪、鸡	产奶牛禁用 产蛋鸡禁用
Aluminium hydroxide 氢氧化铝	所有食品动物	

Amitraz 双甲脒	牛/羊/猪	仅指肌肉中不需 要限量
Amprolium 氨丙啉	家禽	仅作口服用
Apramycin 安普霉素	猪、兔 山羊 鸡	仅作口服用 产奶羊禁用 产蛋鸡禁用
Atropine 阿托品	所有食品动物	
Azamethiphos 甲基吡啶磷	鱼	
Betaine 甜菜碱	所有食品动物	
Bismuth subcarbonate 碱式碳酸铋	所有食品动物	仅作口服用
Bismuth subnitrate 碱式硝酸铋	所有食品动物	仅作口服用
Bismuth subnitrate 碱式硝酸铋	牛	仅乳房内注射用
Boric acid and borates 硼酸及其盐	所有食品动物	
Caffeine 咖啡因	所有食品动物	
Calcium borogluconate 硼葡萄糖酸钙	所有食品动物	
Calcium carbonate 碳酸钙	所有食品动物	
Calcium chloride 氯化钙	所有食品动物	
Calcium gluconate 葡萄糖酸钙	所有食品动物	
Calcium phosphate 磷酸钙	所有食品动物	
Calcium sulphate 硫酸钙	所有食品动物	

Calcium pantothenate 泛酸钙	所有食品动物	
Camphor 樟脑	所有食品动物	仅作外用
Chlorhexidine 氯己定	所有食品动物	仅作外用
Choline 胆碱	所有食品动物	
Cloprostenol 氯前列醇	牛、猪、马	
Decoquinate 癸氧喹酯	牛、山羊	仅口服用,产奶动物禁用
Diclazuril 地克珠利	山羊	羔羊口服用
Epinephrine 肾上腺素	所有食品动物	
Ergometrine maleata 马来酸麦角新碱	所有哺乳类食品动物	仅用于临产动物
Ethanol 乙醇	所有食品动物	仅作赋型剂用
Ferrous sulphate 硫酸亚铁	所有食品动物	
Flumethrin 氟氯苯氰菊酯	蜜蜂	蜂蜜
Folic acid 叶酸	所有食品动物	
Follicle stimulating hormone (natural FSH from all species and their synthetic analogues)促卵泡激素(各种动物天然FSH 及其化学合成类似物)	所有食品动物	
Formaldehyde 甲醛	所有食品动物	
Glutaraldehyde 戊二醛	所有食品动物	
Gonadotrophin releasing hormone	所有食品动物	

垂体促性腺激素释放激素

Human chorion gonadotrophin　　　　所有食品动物

绒促性素

Hydrochloric acid　　　　　　　　　所有食品动物　　　仅作赋型剂用

盐酸

Hydrocortisone　　　　　　　　　　所有食品动物　　　仅作外用

氢化可的松

Hydrogen peroxide　　　　　　　　　所有食品动物

过氧化氢

Iodine and iodine inorganic compounds
including:碘和碘无机化合物包括：

——Sodium and potassium-iodide　　所有食品动物
　　碘化钠和钾

——Sodium and potassium-iodate　　所有食品动物
　　碘酸钠和钾

Iodophors including:

碘附包括：

——Polyvinylpyrrolidone-iodine　　所有食品动物
　　聚乙烯吡咯烷酮碘

Iodine organic compounds：　　　　所有食品动物

碘有机化合物：

——Iodoform
　　碘仿

Iron dextran　　　　　　　　　　　所有食品动物

右旋糖酐铁

Ketamine　　　　　　　　　　　　　所有食品动物

氯胺酮

Lactic acid　　　　　　　　　　　　所有食品动物

乳酸

Lidocaine　　　　　　　　　　　　　马　　　　　　　仅作局部麻醉用

利多卡因

Luteinising hormone（natural LH from　所有食品动物
all species and their synthetic
analogues）促黄体激素（各种动物天然
FSH 及其化学合成类似物）

Magnesium chloride 氯化镁	所有食品动物	
Mannitol 甘露醇	所有食品动物	
Menadione 甲萘醌	所有食品动物	
Neostigmine 新斯的明	所有食品动物	
Oxytocin 缩宫素	所有食品动物	
Paracetamol 对乙酰氨基酚	猪	仅作口服用
Pepsin 胃蛋白酶	所有食品动物	
Phenol 苯酚	所有食品动物	
Piperazine 哌嗪	鸡	除蛋外所有组织
Polyethylene glycols（molecular weight ranging from 200 to 10 000)聚乙二醇（分子量范围从 200 到 10 000)	所有食品动物	
Polysorbate 80 吐温-80	所有食品动物	
Praziquantel 吡喹酮	绵羊、马 山羊	仅用于非泌乳 绵羊
Procaine 普鲁卡因	所有食品动物	
Pyrantel embonate 双羟萘酸噻嘧啶	马	
Salicylic acid 水杨酸	除鱼外所有食品动物	仅作外用
Sodium Bromide 溴化钠	所有哺乳类食品动物	仅作外用
Sodium chloride 氯化钠	所有食品动物	

Sodium pyrosulphite 焦亚硫酸钠	所有食品动物	
Sodium salicylate 水杨酸钠	除鱼外所有食品动物	仅作外用
Sodium selenite 亚硒酸钠	所有食品动物	
Sodium stearate 硬脂酸钠	所有食品动物	
Sodium thiosulphate 硫代硫酸钠	所有食品动物	
Sorbitan trioleate 脱水山梨醇三油酸酯(司盘85)	所有食品动物	
Strychnine 士的宁	牛	仅作口服用,剂量 最大 0.1 mg/kg 体重
Sulfogaiacol 愈创木酚磺酸钾	所有食品动物	
Sulphur 硫黄	牛、猪、山羊、绵羊、马	
Tetracaine 丁卡因	所有食品动物	仅作麻醉剂用
Thiomersal 硫柳汞	所有食品动物	多剂量疫苗中作 防腐剂使用,浓度 最大不得超过 0.02%
Thiopental sodium 硫喷妥钠	所有食品动物	仅作静脉注射用
Vitamin A 维生素 A	所有食品动物	
Vitamin B_1 维生素 B_1	所有食品动物	
Vitamin B_{12} 维生素 B_{12}	所有食品动物	
Vitamin B_2 维生素 B_2	所有食品动物	

Vitamin B₆	所有食品动物	
维生素 B₆		
Vitamin D	所有食品动物	
维生素 D		
Vitamin E	所有食品动物	
维生素 E		
Xylazine hydrochloride	牛、马	产奶动物禁用
盐酸塞拉嗪		
Zinc oxide	所有食品动物	
氧化锌		
Zinc sulphate	所有食品动物	
硫酸锌		

附录2　已批准的动物性食品中最高残留限量规定

药物名	标志残留物	动物种类	靶组织	残留限量
阿灭丁（阿维菌素） Abamectin ADI：0-2	Avermectin B₁ₐ	牛（泌乳期禁用）	脂肪 肝 肾	100 100 50
		羊（泌乳期禁用）	肌肉 脂肪 肝 肾	25 50 25 20
乙酰异戊酰泰乐菌素 Acetylisovaleryltylosin ADI：0-1.02	总 Acetylisovaleryltylosin 和 3-O-乙酰泰乐菌素	猪	肌肉 皮＋脂肪 肝 肾	50 50 50 50
阿苯达唑 Albendazole ADI：0-50	Albendazole＋ ABZSO₂＋ABZSO＋ ABZNH₂	牛/羊	肌肉 脂肪 肝 肾 奶	100 100 5 000 5 000 100

双甲脒 Amitraz ADI：0-3	Amitraz ＋2,4-DMA 的总量	牛	脂肪 肝 肾 奶	200 200 200 10
		羊	脂肪 肝 肾 奶	400 100 200 10
		猪	皮＋脂 肝 肾	400 200 200
		禽	肌肉 脂肪 副产品	10 10 50
		蜜蜂	蜂蜜	200
阿莫西林 Amoxicillin	Amoxicillin	所有食品动物	肌肉 脂肪 肝 肾 奶	50 50 50 50 10
氨苄西林 Ampicillin	Ampicillin	所有食品动物	肌肉 脂肪 肝 肾 奶	50 50 50 50 10
氨丙啉 Amprolium ADI：0-100	Amprolium	牛	肌肉 脂肪 肝 肾	500 2000 500 500
安普霉素 Apramycin ADI：0-40	Apramycin	猪	肾	100

阿散酸/洛克沙肿 Arsanilic acid/Roxarsone	总砷计 Arsenic	猪	肌肉 肝 肾 副产品	500 2 000 2 000 500
		鸡/火鸡	肌肉 副产品 蛋	500 500 500
氮哌酮 Azaperone ADI:0-0.8	Azaperone ＋ Azaperol	猪	肌肉 皮＋脂肪 肝 肾	60 60 100 100
杆菌肽 Bacitracin ADI:0-3.9	Bacitracin	牛/猪/禽	可食组织	500
		牛(乳房注射)	奶	500
		禽	蛋	500
苄星青霉素/普鲁卡 因青霉素 Benzylpenicillin/ Procaine benzylpenicillin ADI:0～30 μg/(人· 天)	Benzylpenicillin	所有食品动物	肌肉 脂肪 肝 肾	50 50 50 50
			奶	4
倍他米松 Betamethasone ADI:0-0.015	Betamethasone	牛/猪	肌肉 肝 肾	0.75 2.0 0.75
		牛	奶	0.3
头孢氨苄 Cefalexin ADI:0-54.4	Cefalexin	牛	肌肉 脂肪 肝 肾 奶	200 200 200 1 000 100

头孢喹肟 Cefquinome ADI:0-3.8	Cefquinome	牛	肌肉 脂肪 肝 肾 奶	50 50 100 200 20
		猪	肌肉 皮+脂 肝 肾	50 50 100 200
头孢噻呋 Ceftiofur ADI:0-50	Desfuroylceftiofur	牛/猪	肌肉 脂肪 肝 肾	1 000 2 000 2 000 6 000
		牛	奶	100
克拉维酸 Clavulanic acid ADI:0-16	Clavulanic acid	牛/羊	奶	200
		牛/羊/猪	肌肉 脂肪 肝 肾	100 100 200 400
氯羟吡啶 Clopidol	Clopidol	牛/羊	肌肉 肝 肾 奶	200 1 500 3 000 20
		猪	可食组织	200
		鸡/火鸡	肌肉 肝 肾	5 000 15 000 15 000
氯氰碘柳胺 Closantel ADI:0-30	Closantel	牛	肌肉 脂肪 肝 肾	1 000 3 000 1 000 3 000

		羊	肌肉	1 500
			脂肪	2 000
			肝	1 500
			肾	5 000
氯唑西林 Cloxacillin	Cloxacillin	所有食品动物	肌肉	300
			脂肪	300
			肝	300
			肾	300
			奶	30
黏菌素 Colistin	Colistin	牛/羊	奶	50
		牛/羊/猪/鸡/兔	肌肉	150
ADI:0-5			脂肪	150
			肝	150
			肾	200
		鸡	蛋	300
蝇毒磷 Coumaphos ADI：0-0.25	Coumaphos 和氧化物	蜜蜂	蜂蜜	100
环丙氨嗪 Cyromazine ADI:0-20	Cyromazine	羊	肌肉	300
			脂肪	300
			肝	300
			肾	300
		禽	肌肉	50
			脂肪	50
			副产品	50
达氟沙星 Danofloxacin	Danofloxacin	牛/绵羊/山羊	肌肉	200
			脂肪	100
			肝	400
ADI:0-20			肾	400
			奶	30

		家禽	肌肉	200
			皮＋脂	100
			肝	400
			肾	400
		其他动物	肌肉	100
			脂肪	50
			肝	200
			肾	200
癸氧喹酯 Decoquinate ADI:0-75	Decoquinate	鸡	皮＋肉	1 000
			可食组织	2 000
溴氰菊酯 Deltamethrin ADI:0-10	Deltamethrin	牛/羊	肌肉	30
			脂肪	500
			肝	50
			肾	50
		牛	奶	30
		鸡	肌肉	30
			皮＋脂	500
			肝	50
			肾	50
			蛋	30
		鱼	肌肉	30
越霉素 A Destomycin A	Destomycin A	猪/鸡	可食组织	2 000
地塞米松 Dexamethasone ADI:0-0.015	Dexamethasone	牛/猪/马	肌肉	0.75
			肝	2
			肾	0.75
		牛	奶	0.3

二嗪农 Diazinon ADI：0-2	Diazinon	牛/羊	奶	20
		牛/猪/羊	肌肉 脂肪 肝 肾	20 700 20 20
敌敌畏 Dichlorvos ADI：0-4	Dichlorvos	牛/羊/马	肌肉 脂肪 副产品	20 20 20
		猪	肌肉 脂肪 副产品	100 100 200
		鸡	肌肉 脂肪 副产品	50 50 50
地克珠利 Diclazuril ADI：0-30	Diclazuril	绵羊/禽/兔	肌肉 脂肪 肝 肾	500 1 000 3 000 2 000
二氟沙星 Difloxacin ADI：0-10	Difloxacin	牛/羊	肌肉 脂 肝 肾	400 100 1 400 800
		猪	肌肉 皮＋脂 肝 肾	400 100 800 800
		家禽	肌肉 皮＋脂 肝 肾	300 400 1 900 600

		其他	肌肉	300
			脂肪	100
			肝	800
			肾	600
三氮脒 Diminazine ADI:0-100	Diminazine	牛	肌肉	500
			肝	12 000
			肾	6 000
			奶	150
多拉菌素 Doramectin ADI: 0-0.5	Doramectin	牛（泌乳牛禁用）	肌肉	10
			脂肪	150
			肝	100
			肾	30
		猪/羊/鹿	肌肉	20
			脂肪	100
			肝	50
			肾	30
多西环素 Doxycycline ADI: 0-3	Doxycycline	牛（泌乳牛禁用）	肌肉	100
			肝	300
			肾	600
		猪	肌肉	100
			皮＋脂	300
			肝	300
			肾	600
		禽（产蛋鸡禁用）	肌肉	100
			皮＋脂	300
			肝	300
			肾	600
恩诺沙星 Enrofloxacin ADI:0-2	Enrofloxacin ＋ Ciprofloxacin	牛/羊	肌肉	100
			脂肪	100
			肝	300
			肾	200
		牛/羊	奶	100

		猪/兔	肌肉	100
			脂肪	100
			肝	200
			肾	300
		禽(产蛋鸡禁用)	肌肉	100
			皮＋脂	100
			肝	200
			肾	300
		其他动物	肌肉	100
			脂肪	100
			肝	200
			肾	200
红霉素 Erythromycin ADI：0-5	Erythromycin	所有食品动物	肌肉	200
			脂肪	200
			肝	200
			肾	200
			奶	40
			蛋	150
乙氧酰胺苯甲酯 Ethopabate	Ethopabate	禽	肌肉	500
			肝	1 500
			肾	1 500
苯硫氨酯 Fenbantel	可提取的 Oxfendazole sulphone	牛/马/猪/羊	肌肉	100
			脂肪	100
			肝	500
			肾	100
芬苯达唑 Fenbendazole 奥芬达唑 Oxfendazole ADI：0-7		牛/羊	奶	100

倍硫磷 Fenthion	Fenthion & metabolites	牛/猪/禽	肌肉 脂肪 副产品	100 100 100
氰戊菊酯 Fenvalerate ADI:0-20	Fenvalerate	牛/羊/猪 牛	肌肉 脂肪 副产品 奶	1 000 1 000 20 100
氟苯尼考 Florfenicol ADI:0-3	Florfenicol-amine	牛/羊（泌乳期 禁用） 猪 家禽（产蛋禁用） 鱼 其他动物	肌肉 肝 肾 肌肉 皮＋脂 肝 肾 肌肉 皮＋脂 肝 肾 肌肉＋皮 肌肉 脂肪 肝 肾	200 3 000 300 300 500 2 000 500 100 200 2 500 750 1 000 100 200 2 000 300
氟苯咪唑 Flubendazole ADI:0-12	Flubendazole ＋ 2-amino 1Hbenzimidazol-5- yl-(4-fluorophenyl) methanone	猪 禽	肌肉 肝 肌肉 肝 蛋	10 10 200 500 400
醋酸氟孕酮 Flugestone Acetate ADI:0-0.03	Flugestone Acetate	羊	奶	1

氟甲喹 Flumequine ADI:0-30	Flumequine	牛/羊/猪	肌肉 脂肪 肝 肾 奶	500 1 000 500 3 000 50
		鱼	肌肉＋皮	500
		鸡	肌肉 皮＋脂 肝 肾	500 1 000 500 3 000
氟氯苯氰菊酯 Flumethrin ADI：0-1.8	Flumethrin(sum of trans-Z-isomers)	牛	肌肉 脂肪 肝 肾 奶	10 150 20 10 30
		羊（产奶期禁 用）	肌肉 脂肪 肝 肾	10 150 20 10
氟胺氰菊酯 Fluvalinate	Fluvalinate	所有动物	肌肉 脂肪 副产品	10 10 10
		蜜蜂	蜂蜜	50
庆大霉素 Gentamycin ADI:0-20	Gentamycin	牛/猪	肌肉 脂肪 肝 肾	100 100 2 000 5 000
		牛	奶	200
		鸡/火鸡	可食组织	100

氢溴酸常山酮 Halofuginone hydrobromide ADI:0-0.3	Halofuginone	牛	肌肉 脂肪 肝 肾	10 25 30 30
		鸡/火鸡	肌肉 皮＋脂 肝	100 200 130
氮氨菲啶 Isometamidium ADI:0-100	Isometamidium	牛	肌肉 脂肪 肝 肾 奶	100 100 500 1 000 100
伊维菌素 Ivermectin ADI:0-1	22,23-Dihydro- avermect in B1a	牛	肌肉 脂肪 肝 奶	10 40 100 10
		猪/羊	肌肉 脂肪 肝	20 20 15
吉他霉素 Kitasamycin	Kitasamycin	猪/禽	肌肉 肝 肾	200 200 200
拉沙洛菌素 Lasalocid	Lasalocid	牛	肝	700
		鸡	皮＋脂 肝	1 200 400
		火鸡	皮＋脂 肝	400 400
		羊	肝	1 000
		兔	肝	700

左旋咪唑 Levamisole ADI:0-6	Levamisole	牛/羊/猪/禽	肌肉 脂肪 肝 肾	10 10 100 10
林可霉素 Lincomycin ADI:0-30	Lincomycin	牛/羊/猪/禽	肌肉 脂肪 肝 肾	100 100 500 1 500
		牛/羊	奶	150
		鸡	蛋	50
马杜霉素 Maduramicin	Maduramicin	鸡	肌肉 脂肪 皮 肝	240 480 480 720
马拉硫磷 Malathion	Malathion	牛/羊/猪/禽/马	肌肉 脂肪 副产品	4 000 4 000 4 000
甲苯咪唑 Mebendazole ADI:0-12.5	Mebendazole 等效物	羊/马(产奶期禁用)	肌肉 脂肪 肝 肾	60 60 400 60
安乃近 Metamizole ADI:0-10	4-氨甲基-安替比林	牛/猪/马	肌肉 脂肪 肝 肾	200 200 200 200
莫能菌素 Monensin	Monensin	牛/羊	可食组织	50
		鸡/火鸡	肌肉 皮+脂 肝	1 500 3 000 4 500

甲基盐霉素 Narasin	Narasin	鸡	肌肉 皮+脂 肝	600 1 200 1 800
新霉素 Neomycin ADI:0-60	Neomycin B	牛/羊/猪/鸡/火 鸡/鸭	肌肉 脂肪 肝 肾	500 500 500 10 000
		牛/羊	奶	500
		鸡	蛋	500
尼卡巴嗪 Nicarbazin ADI:0-400	N,N′-bis-(4- nitrophenyl)urea	鸡	肌肉 皮/脂 肝 肾	200 200 200 200
硝碘酚腈 Nitroxinil ADI:0-5	Nitroxinil	牛/羊	肌肉 脂肪 肝 肾	400 200 20 400
喹乙醇 Olaquindox	[3-甲基喹啉-2-羧酸 (MQCA)]	猪	肌肉 肝	4 50
苯唑西林 Oxacillin	Oxacillin	所有食品动物	肌肉 脂肪 肝 肾 奶	300 300 300 300 30
丙氧苯咪唑 Oxibendazole ADI:0-60	Oxibendazole	猪	肌肉 皮+脂 肝 肾	100 500 200 100

噁喹酸 Oxolinic acid ADI:0-2.5	Oxolinic acid	牛/猪/鸡	肌肉 脂肪 肝 肾	100 50 150 150
		鸡	蛋	50
		鱼	肌肉＋皮	300
土霉素/金霉素/四环素 Oxytetracycline/ Chlortetracycline/ Tetracycline ADI:0-30	Parent drug,单个或复合物	所有食品动物	肌肉 肝 肾	100 300 600
		牛/羊	奶	100
		禽	蛋	200
		鱼/虾	肉	100
辛硫磷 Phoxim ADI:0-4	Phoxim	牛/猪/羊	肌肉 脂肪 肝 肾	50 400 50 50
		牛	奶	10
哌嗪 Piperazine ADI:0-250	Piperazine	猪	肌肉 皮＋脂 肝 肾	400 800 2 000 1 000
		鸡	蛋	2 000
巴胺磷 Propetamphos ADI:0-0.5	Propetamphos	羊	脂肪 肾	90 90

碘醚柳胺 Rafoxanide ADI：0-2	Rafoxanide	牛	肌肉 脂肪 肝 肾	30 30 10 40
		羊	肌肉 脂肪 肝 肾	100 250 150 150
氯苯胍 Robenidine	Robenidine	鸡	脂肪 皮 可食组织	200 200 100
盐霉素 Salinomycin	Salinomycin	鸡	肌肉 皮/脂 肝	600 1 200 1 800
沙拉沙星 Sarafloxacin ADI：0-0.3	Sarafloxacin	鸡/火鸡	肌肉 脂肪 肝 肾	10 20 80 80
		鱼	肌肉＋皮	30
赛杜霉素 Semduramicin ADI：0-180	Semduramicin	鸡	肌肉 肝	130 400
大观霉素 Spectinomycin ADI：0-40	Spectinomycin	牛/羊/猪/鸡	肌肉 脂肪 肝 肾	500 2 000 2 000 5 000
		牛	奶	200
		鸡	蛋	2 000

链霉素/双氢链霉素 Streptomycin/ Dihydrostreptomycin ADI:0-50	Sum of Streptomycin + Dihydrostreptomycin	牛	奶	200
		牛/绵羊/猪/鸡	肌肉 脂肪 肝 肾	600 600 600 1 000
磺胺类 Sulfonamides	Parent drug(总量)	所有食品动物	肌肉 脂肪 肝 肾	100 100 100 100
		牛/羊	奶	100
磺胺二甲嘧啶 Sulfadimidine ADI:0-50	Sulfadimidine	牛	奶	25
噻苯咪唑 Thiabendazole ADI:0-100	［噻苯咪唑和5-羟基 噻苯咪唑］	牛/猪/绵羊/ 山羊	肌肉 脂肪 肝 肾	100 100 100 100
		牛/山羊	奶	100
甲砜霉素 Thiamphenicol ADI:0-5	Thiamphenicol	牛/羊	肌肉 脂肪 肝 肾	50 50 50 50
		牛	奶	50
		猪	肌肉 脂肪 肝 肾	50 50 50 50
		鸡	肌肉 皮＋脂 肝 肾	50 50 50 50
		鱼	肌肉＋皮	50

泰妙菌素 Tiamulin	Tiamulin＋8-α- Hydroxy mutilin 总量	猪/兔	肌肉 肝	100 500
ADI:0-30		鸡	肌肉 皮＋脂 肝 蛋	100 100 1 000 1 000
		火鸡	肌肉 皮＋脂 肝	100 100 300
替米考星 Tilmicosin	Tilmicosin	牛/绵羊	肌肉 脂肪 肝 肾	100 100 1 000 300
ADI:0-40		绵羊	奶	50
		猪	肌肉 脂肪 肝 肾	100 100 1 500 1 000
		鸡	肌肉 皮＋脂 肝 肾	75 75 1 000 250
甲基三嗪酮(托曲珠 利) Toltrazuril	Toltrazuril Sulfone	鸡/火鸡	肌肉 皮＋脂 肝 肾	100 200 600 400
ADI:0-2		猪	肌肉 皮＋脂 肝 肾	100 150 500 250

敌百虫 Trichlorfon ADI：0-20	Trichlorfon	牛	肌肉 脂肪 肝 肾 奶	50 50 50 50 50
三氯苯唑 Triclabendazole ADI：0-3	Ketotriclabendazole	牛	肌肉 脂肪 肝 肾	200 100 300 300
		羊	肌肉 脂肪 肝 肾	100 100 100 100
甲氧苄啶 Trimethoprim ADI：0-4.2	Trimethoprim	牛	肌肉 脂肪 肝 肾 奶	50 50 50 50 50
		猪/禽	肌肉 皮＋脂 肝 肾	50 50 50 50
		马	肌肉 脂肪 肝 肾	100 100 100 100
		鱼	肌肉＋皮	50
泰乐菌素 Tylosin ADI：0-6	Tylosin A	鸡/火鸡/猪/牛	肌肉 脂肪 肝 肾	200 200 200 200

	牛	奶	50
	鸡	蛋	200
维吉尼霉素 Virginiamycin ADI：0-250	Virginiamycin	猪	肌肉　100 脂肪　400 肝　300 肾　400 皮　400
		禽	肌肉　100 脂肪　200 肝　300 肾　500 皮　200
二硝托胺 Zoalene	Zoalene ＋Metabolite 总量	鸡	肌肉　3 000 脂肪　2 000 肝　6 000 肾　6 000
		火鸡	肌肉　3 000 肝　3 000

附录 3　允许作治疗用，但不得在动物性食品中检出的药物

药物名称	标志残留物	动物种类	靶组织
氯丙嗪 Chlorpromazine	Chlorpromazine	所有食品动物	所有可食组织
地西泮（安定） Diazepam	Diazepam	所有食品动物	所有可食组织
地美硝唑 Dimetridazole	Dimetridazole	所有食品动物	所有可食组织
苯甲酸雌二醇 Estradiol Benzoate	Estradiol	所有食品动物	所有可食组织
潮霉素 B Hygromycin B	Hygromycin B	猪/鸡 鸡	可食组织 蛋

甲硝唑 Metronidazole	Metronidazole	所有食品动物	所有可食组织
苯丙酸诺龙 Nadrolone Phenylpropionate	Nadrolone	所有食品动物	所有可食组织
丙酸睾酮 Testosterone propinate	Testosterone	所有食品动物	所有可食组织
塞拉嗪 Xylzaine	Xylazine	产奶动物	奶

附录 4　禁止使用的药物，在动物性食品中不得检出

药物名称	禁用动物种类	靶组织
氯霉素 Chloramphenicol 及其盐、酯 （包括：琥珀氯霉素 Chloramphenico Succinate）	所有食品动物	所有可食组织
克仑特罗 Clenbuterol 及其盐、酯	所有食品动物	所有可食组织
沙丁胺醇 Salbutamol 及其盐、酯	所有食品动物	所有可食组织
西马特罗 Cimaterol 及其盐、酯	所有食品动物	所有可食组织
氨苯砜 Dapsone	所有食品动物	所有可食组织
己烯雌酚 Diethylstilbestrol 及其盐、酯	所有食品动物	所有可食组织
呋喃它酮 Furaltadone	所有食品动物	所有可食组织
呋喃唑酮 Furazolidone	所有食品动物	所有可食组织
林丹 Lindane	所有食品动物	所有可食组织
呋喃苯烯酸钠 Nifurstyrenate sodium	所有食品动物	所有可食组织

安眠酮 Methaqualone	所有食品动物	所有可食组织
洛硝达唑 Ronidazole	所有食品动物	所有可食组织
玉米赤霉醇 Zeranol	所有食品动物	所有可食组织
去甲雄三烯醇酮 Trenbolone	所有食品动物	所有可食组织
醋酸甲孕酮 Mengestrol Acetate	所有食品动物	所有可食组织
硝基酚钠 Sodium nitrophenolate	所有食品动物	所有可食组织
硝呋烯腙 Nitrovin	所有食品动物	所有可食组织
毒杀芬（氯化烯） Camahechlor	所有食品动物	所有可食组织
呋喃丹（克百威） Carbofuran	所有食品动物	所有可食组织
杀虫脒（克死螨） Chlordimeform	所有食品动物	所有可食组织
双甲脒 Amitraz	水生食品动物	所有可食组织
酒石酸锑钾 Antimony potassium tartrate	所有食品动物	所有可食组织
锥虫砷胺 Tryparsamile	所有食品动物	所有可食组织
孔雀石绿 Malachite green	所有食品动物	所有可食组织
五氯酚酸钠 Pentachlorophenol sodium	所有食品动物	所有可食组织
氯化亚汞（甘汞） Calomel	所有食品动物	所有可食组织
硝酸亚汞 Mercurous nitrate	所有食品动物	所有可食组织
醋酸汞 Mercurous acetate	所有食品动物	所有可食组织

吡啶基醋酸汞 Pyridyl mercurous acetate	所有食品动物	所有可食组织
甲基睾丸酮 Methyltestosterone	所有食品动物	所有可食组织
群勃龙 Trenbolone	所有食品动物	所有可食组织

名词定义

1. 兽药残留[Residues of Veterinary Drugs]:指食品动物用药后,动物产品的任何食用部分中与所有药物有关的物质的残留,包括原型药物或/和其代谢产物。

2. 总残留[Total Residue]:指对食品动物用药后,动物产品的任何食用部分中药物原型或/和其所有代谢产物的总和。

3. 日允许摄入量[ADI:Acceptable Daily Intake]:是指人一生中每日从食物或饮水中摄取某种物质而对健康没有明显危害的量,以人体重为基础计算,单位:$\mu g/(kg$ 体重·天)。

4. 最高残留限量[MRL:Maximum Residue Limit]:对食品动物用药后产生的允许存在于食物表面或内部的该兽药残留的最高量/浓度(以鲜重计,表示为 $\mu g/kg$)。

5. 食品动物[Food-Producing Animal]:指各种供人食用或其产品供人食用的动物。

6. 鱼[Fish]:指众所周知的任一种水生冷血动物。包括鱼纲(Pisces),软骨鱼(Elasmobranchs)和圆口鱼(Cyclostomes),不包括水生哺乳动物,无脊椎动物和两栖动物。但应注意,此定义可适用于某些无脊椎动物,特别是头足动物(Cephalopods)。

7. 家禽[Poultry]:指包括鸡、火鸡、鸭、鹅、珍珠鸡和鸽在内的家养的禽。

8. 动物性食品[Animal Derived Food]:全部可食用的动物组织以及蛋和奶。

9. 可食组织[Edible Tissues]:全部可食用的动物组织,包括肌肉和脏器。

10. 皮+脂[Skin with fat]:是指带脂肪的可食皮肤。

11. 皮+肉[Muscle with skin]:一般是特指鱼的带皮肌肉组织。

12. 副产品[Byproducts]:除肌肉、脂肪以外的所有可食组织,包括肝、肾等。

13. 肌肉[Muscle]:仅指肌肉组织。

14. 蛋[Egg]:指家养母鸡的带壳蛋。

15. 奶[Milk]:指由正常乳房分泌而得,经一次或多次挤奶,既无加入也未经提取的奶。此术语也可用于处理过但未改变其组分的奶,或根据国家立法已将脂肪含量标准化处理过的奶。

参 考 文 献

[1]中华人民共和国兽药典兽药使用指南化学药品卷. 2010 年版. 中国兽药典委员会编. 北京:中国农业出版社,2011.

[2] Plumb`s Veterinary Drugs Handbook,Fifth Edition,Donald C. Plumb,北京:中国农业大学出版社,2009.

[3] 闫小峰,王亚芳,李应超. 兽药安全使用与检测技术. 北京:中国农业科学技术出版社,2014.